复合波阻板隔振理论与设计

高 盟 王 滢 陈 娟 著

中国科学技术出版社

·北 京·

图书在版编目（CIP）数据

复合波阻板隔振理论与设计 / 高盟，王滢，陈娟著 . —北京：
中国科学技术出版社，2024.4
ISBN 978-7-5236-0664-3

Ⅰ.①复… Ⅱ.①高… ②王… ③陈… Ⅲ.①隔振材料 –
结构设计 Ⅳ.① TB535

中国国家版本馆 CIP 数据核字（2024）第 082078 号

责任编辑	王晓义
封面设计	孙雪骊
正文设计	中文天地
责任校对	邓雪梅
责任印制	徐　飞

出　　版	中国科学技术出版社
发　　行	中国科学技术出版社有限公司发行部
地　　址	北京市海淀区中关村南大街 16 号
邮　　编	100081
发行电话	010-62173865
传　　真	010-62173081
网　　址	http://www.cspbooks.com.cn

开　　本	787mm×1092mm　1/16
字　　数	208 千字
印　　张	10.75
版　　次	2024 年 4 月第 1 版
印　　次	2024 年 4 月第 1 次印刷
印　　刷	北京荣泰印刷有限公司
书　　号	ISBN 978-7-5236-0664-3 / TB·121
定　　价	79.00 元

内容简介

A b s t r a c t

波阻板尺寸小、施工方便、成本低，是一种有潜力的振动隔振屏障。本书针对传统波阻板隔振频带窄仅对低频振动有效的技术瓶颈，从材料设计和结构优化等方面，系统地研究了 Duxseal 材料、复合波阻板的隔振性能及结构优化，以改善和提高波阻板的隔振性能，进一步推广波阻板在工程隔振领域的应用。全书 8 章，主要内容包括：Duxseal 阻尼材料的主动隔振性能、WIB（波阻板）对列车移动荷载诱发的地基振动的主动隔振效应、Duxseal-WIB（复合波阻板）的隔振性能与联合隔振的工程应用实例、周期结构波阻板的带隙特性与隔振效应、波阻板周期性结构设计。

本书可作为高等学校土木工程、铁道工程、公路工程、交通工程等专业高年级本科生、研究生的教材和相关工程技术人员的培训教材，还可供相关行业的设计、施工、管理等各类技术人员参考。

前　言

Preface

我国是基础设施建设和现代工业生产大国。至 2022 年年底高速铁路和城市轨道交通运营总里程分别达 42000 km 和接近 10000 km，进入了两者高度联动服务百姓的时代。同时，我国是世界第一大工业国，拥有 41 个工业门类，是工业门类最齐全的国家，工业规模居世界第一，享有"世界工厂"之美誉。但与之有关的建筑施工（打桩、工程爆破）、轨道交通（地铁、高铁和轻轨）和机器生产（动力机器）等诱发的振动问题十分突出，如邻近居民投诉、文物建筑损伤和精密仪器无法工作等。强夯、打桩、地铁、轻轨、机器生产等人工振源诱发的振动可致使人的工作、生活质量下降，甚至影响身心健康，已被国际社会列入公认的七大环境公害之一。在我国，市民针对地铁振动和噪声问题的投诉时有发生。这些人工振源产生的振动致使工程结构薄弱部位耐久性降低甚至损伤。陕西省西安市的地铁 2 号线和 6 号线为避免运营时对明代钟楼的损害，启动了对钟楼的加固工程；为保护鼓楼文物，北京市的地铁 8 号线二期线路因避让而远离鼓楼 100 m；为保护龙门石窟，焦枝铁路复线线路东移 700 m。振动还可导致精密仪器设备无法正常工作。

随着我国基础设施建设和现代工业的进一步发展，将会遇到更多更复杂的环境振动问题，对环境振动控制的要求也愈加严格。振动控制已成为发展基础设施建设和高精尖产业面临的重大挑战。因此，加强基础设施建设和现代工业产生的环境振动危害防治工作，保障临近振源建筑物安全、精密仪器和设备正常使用、减少居民投诉势在必行。

环境振动危害的实质是振动通过地基土介质向四周传播，进一步诱发周边建筑物的二次振动，从而对建筑物的结构安全，以及建筑物内人们的工作和生活产生不容忽视的影响。对地基的振动控制通常有两个途径：一是振源控制，主要从减振的角度考虑；二是振动的传播路径控制，主要从隔振的角度考虑。在振源和受保护对象之间设置人工屏障阻断弹性波的传播路径、衰减振动能量，从而达到减小振动的目的。这是目前国内外普遍采用的振动控制措施。

波阻板（wave impeding block，缩写为 WIB）是一种典型的控制振动传播路径的隔振屏障。波阻板具有尺寸小、施工方便、造价低等特点，常被设置于振源与被保护对象之间以减小振动，特别适用于城市内空间相对狭小的隔振工程，是一种有潜力的隔振屏障。但波阻板受隔振原理的制约，隔振频带窄且仅对低频振动有效果。而打桩、工程爆破、轨道交通、机器运行等人工振源频率分布较广，这大大限制了波阻板在工程隔振中的应用。为克服波阻板的这一技术瓶颈，复合波阻板的隔振理论和技术被提出并在隔振工程中得到应用。因此，系统介绍复合波阻板原理、计算理论与设计方法等技术知识，为工程技术人员提供相应的技术支撑和参考，进一步推动波阻板在工程隔振领域中的应用，是一项十分迫切的工作。

波阻板隔振设计理论内容涵盖力学、弹塑性力学，以及振动和波的传播、数学物理方法、数值分析等多个学科和多种理论知识，需要深厚的理论基础和知识储备。笔者期望编写一本系统、完整、简洁易懂同时兼顾先进性、启发性和实用性，可供工程技术人员使用的专业教材。为此，本书首先介绍传统波阻板的隔振原理及技术缺陷、复合波阻板的概念及原理；接着，较系统地介绍复合波阻板的组成材料 Duxseal 的隔振性能；继而，针对传统波阻板的技术缺陷，对比分析 Duxseal–WIB 形成复合波阻板的技术优势，全面介绍复合波阻板的隔振机理及其工程应用；进而，重点介绍复合波阻板结构优化形成的周期结构波阻板的带隙特性及其隔振效应；最后，详细介绍周期结构的波阻板的设计方法。

本书第一、第二、第四、第六、第七、第八章由山东科技大学高盟执笔；第三章由山东建筑大学陈娟和山东科技大学高盟执笔；第五章由山东科技大学王滢、高盟执笔；全书由山东科技大学高盟负责统稿。

本书的编写和出版得到了国家自然科学基金项目（项目编号：51808324）和山东省自然科学基金项目（项目编号：ZR2021ME144、ZR2023ME055、ZR2020QE264）的支持和帮助，在此表示感谢。感谢研究生谢猛、李朋飞、刘士龙、张硕、王妍妍、贾颖杰、李佳文、田抒平、张致松、宋永山、李丹阳等在排版、绘图等方面的帮助和付出。此外，在本书编著中参考了大量的相关文献，在此谨向这些文献的作者表示真挚的谢意。

目　录

Contents

第1章

绪　　论

1.1　人工振源的特点及危害

　　建筑施工（打桩、工程爆破）、轨道交通（地铁、高铁和轻轨）和机器生产（动力机器）等人类生产活动引发振动，一般将产生这些振动的物体称为人工振源。这些人工振源产生的振动在作用时间和往返次数上都具有各自不同的特征，如图 1.1 所示。动力机器产生的振动，振幅和频率的分布范围较广，具有与时间的函数关系多样和作用历时长的特性，与动力机器的类型有关；打桩、强夯等施工引起的振动属于冲击型，大小决定于振动传递介质的性质、惯性及作用历时；交通荷载诱发的振动，特点与轨道不平顺或路面不平整、车辆运行速度等有关，频率分布较广；由爆炸导致的振动主要为幅值大、持续时间短的单脉冲或多脉冲的连续作用，脉冲的压力上升很快，脉冲与脉冲间的相互作用较小。上述人工振源复杂多变，频率分布从几赫兹到几百赫兹，频率成分复杂。

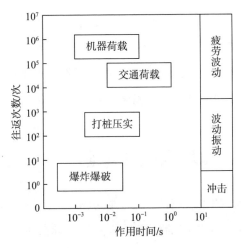

图 1.1　各类人工振源的特性

人工振源危害主要表现在 3 方面：对人体的危害、对建筑物的危害和对精密仪器的危害。

1）对人体的危害

振动可使人的工作、生活质量下降，甚至影响身心健康。人们对振动的感应限值为 0.01~0.02 m/s²。人体对于频率的感知在 1~100 Hz 尤为明显，对于小于 16 Hz 的低频振动更为敏感，很大程度上是因为人体很多器官的共振频率在此范围之内。振动频率为 40~100 Hz、振幅在 0.05~1.3 mm 就会对人体造成伤害，严重时可引起痉挛。振动对于人体的危害不止于此，还会干扰手部工作，严重情况下会影响大脑的正常判断，造成精神紧张，极大地增加了人在活动中出错的概率。

2）对建（构）筑物的危害

振动通过地基土介质向四周传播，进一步诱发周边建筑物的二次振动，从而导致工程结构薄弱部位耐久性降低甚至损伤和破坏。随着我国城市化进程加速，基础设施建设，如轨道交通建设等人类活动加剧，地铁运营线路和总里程数均大幅增长，地铁列车发车频次和列车速度逐渐提高，拟建地铁隧道与既有建筑物基础的距离也越来越近，有时不可避免地从地下穿越古建筑，这加剧了振动对既有工程结构特别是古建筑结构的危害。

3）对精密仪器的危害

精密仪器、设备对振动较为敏感，即使是微小的振动，也会造成大的破坏。如对精度要求较高的工厂和实验室，距离高铁等振动源较近时，很容易造成振动强度超标，使工厂设备的偏差变大、精度下降，进而产生更多不合格的产品。振动对精密仪器的危害是不可逆的，尤其是对振动要求较高的试验设备，振动会导致所测试验数据出现较大的误差，如电子显微镜，若有 50 dB 的振动就会影响成像的稳定；对一些较为敏感的生产机器来说，振动还会导致机器无法正常工作，严重的会导致机器的损坏，造成巨大的经济损失，如灵敏继电器，振动会导致机器发生断电事故。

1.2 波阻板隔振原理及技术缺陷

城市是人类生产活动的主要场所，人工振源密集。波阻板尺寸小，施工方便，特别适用于城市狭小空间的人工振动危害防治，是一种极具潜力的隔振屏障。其隔振原理为基岩上单一土层的振动存在截止频率 f_{cr}（$n=1$），可按式（1-1）（Wolf，1989；

Chouw，1991a）计算。当地表作用的振源荷载频率低于这个截止频率时，土层中没有波的传播，即辐射阻尼接近于 0；仅当激振频率大于截止频率时，土层中才会出现波的传播现象。根据这一物理现象，在地基土层中人工设置有限尺寸的混凝土板块代替基岩达到隔振的目的。人工基岩即为波阻板（Wave Impeding Block，缩写为 WIB）。

$$f_{cr} = \frac{c_i}{4H} \cdot (2n-1); \quad n = 1, 2, 3, \cdots \qquad (1-1)$$

式中，c_i 为地基土层波速，竖向振动时为地基土层纵波波速，水平振动时为横波波速；n 为振动体系的自由度；H 为基岩顶面以上土层厚度。由式（1-1）可知，截止频率 f_{cr} 与地基土层波速及波阻板以上土层厚度有关。假设地表有一竖向振动的振源，其激振频率为 40~100 Hz，地基土层纵波波速为 150 m/s，采用波阻板隔振，波阻板埋深 3 m，即 H=3 m。由式（1-1）计算可得，f_{cr}=12.5 Hz。根据波阻板隔振原理，只有当振源频率小于 12.5 Hz 时，才能起到隔振效果；而振源激振频率为 40~100 Hz，大于截止频率 12.5 Hz，此时波阻板不具有隔振性能。从这一隔振实例可以看出，波阻板受地基土层截止频率的制约，隔振频带窄且仅对低频振动效果明显。而工程中的打桩、工程爆破、轨道交通、机器运行等人工振动的频率分布较广，这大大限制了波阻板在工程隔振中的应用。

1.3 波阻板隔振理论与技术发展现状

波阻板概念源于沃尔夫（Wolf）提出的"波在土层中的传播存在截止频率（cut-off frequency，f_{cr}）"这一物理现象。而后，周（Chouw）等对该现象给出了更准确的解释，即波在土层中传播存在特征频率（eigenfrequencies），该频率由土层厚度、土体材料性质和振动方向确定，并给出了土层截止频率即特征频率 f_{cr} 预测公式（1-1）。只有当激振频率高于特征频率时，波才能在土层中传播；而荷载激振低于该特征频率时，土层中则没有波的传播，基岩层起到隔振减振的效果。根据这一现象，理论上只要基岩层深度足够浅，存在有效的截止频率就对目标环境振动有隔振效果。但受制于基岩上覆土层的特征频率、基岩性质（风化程度，软硬等）、基岩埋深，以及土岩界面性质等因素，往往天然基岩不具有隔振效果。由此，周（Chouw）等和施密德（Schmid）等提出用有限尺寸的"人工基岩"来代替无限大刚性基岩层，在振源下方设置有限尺寸的刚性板以达到隔振减振目的。竹宫惠子（Takemiya）等将该人工基岩命名为"波阻板（WIB）"，并研究了瞬态激振作用下波阻板的隔振效果。派普洛（Peplow）等指出波阻板（wave impeding block，WIB）对低频振动控制有优势。之后，波阻板隔振理论得到发展，被广泛应用于工程隔振领域。

为减小地面轨道交通环境振动，安徒生（Andersen）等和盛（Sheng）等将波阻板用于地面轨道交通荷载引起的环境振动隔振，基于 2.5 维有限元—边界元法，研究了波阻板的隔振性能，并指出波阻板的施工可以通过注浆的方法实现，不需要移除已建轨道系统。斯滕贝根（Steenbergen）等发现增加轨道板的弯曲刚度能减小高频振动，而对轨下土体进行地基处理能有效降低低频振动，处理后的土体发挥类似波阻板的隔振效果。雪拉比（Celebi）等采用 2.5 维有限元法数值模拟了波阻板对地面轨道交通引起的地面振动的隔振性能。隆巴德（Lombaert）等分析了轨道交通产生的地面低频振动，指出波阻板是减小地面振动的有效措施之一。库利耶（Coulier）等将波阻板设置于轨道下方以减小地面低频振动。高广运等将波阻板用于轨道交通振动隔振，研究了波阻板在饱和地基中的隔振性能，指出增加波阻板厚度、宽度和剪切模量均可提高其隔振效果，且仅需较小的尺寸即可实现。高广运等依据现场试验和数值分析了竖向激振下层状地基中波阻板的隔振性能，指出波阻板对低频振动隔振效果较好。高广运等用数值模拟了竖向激振下波阻板在两相饱和地基中的隔振性能，并与单相弹性地基中的隔振效果进行了比较，发现波阻板在饱和地基中的隔振更有效。谢伟平等、谭燕等和王俊峰等将波阻板用于地铁振动隔振，基于专业数值软件模拟了波阻板的隔振性能，指出波阻板对地铁的低频振动特别是 10 Hz 以内的振动有明显的隔振效果。凯利亚（Kaynia）等和汤普森（Thompson）等也指出波阻板对低频振动减振有效果。

上述研究发现，传统波阻板对低频振动有效而对中高频振动效果较差，且隔振频带窄。然而，动力机器、交通、爆破、强夯等人工振源频率范围不同，低、中、高频率成分均有分布。例如，地铁振动频率成分较为复杂，扣件上的竖向振动属于宽频振动，在 500 Hz 范围内均有分布；衬砌半高处竖向振动峰值位于 35 Hz 附近，横向振动则分布于 50~75 Hz，地铁列车地面振动的主要频率成分为 50~80 Hz。波阻板的适用性受到限制。

为此，一些学者对波阻板进行改进以提高隔振性能。Takemiya 提出了蜂窝状波阻板的概念。李志江等将蜂窝波阻板（HWIB）用于高铁运行诱发的低频振动的隔振。周凤玺等和马强等提出含液饱和多孔波阻板和梯度材料波阻板的概念，研究了条形荷载作用下该类波阻板隔振效果，结果表明这两种新材料波阻板比均匀波阻板具有更好的隔振效果。笔者提出多孔波阻板填充 Duxseal 的"复合波阻板"概念并在天津市地铁 5、6 号线及山东省青岛市地铁 1 号线应用。随后，根据声子晶体理论，对复合波阻板结构优化形成周期结构，实现了对目标频率振动的隔离。

1.4 复合波阻板的概念及原理

复合波阻板是指多孔波阻板填充高阻尼材料 Duxseal 而形成的一种复合隔振屏障，称为 Duxseal–WIB（简写为 DXWIB）。其隔振原理为：激振系统产生的振动波经由动力基础向地基底部以及土体四周进行振动传播，埋置在地基中的 DXWIB 屏障相当于土体介质中的异质体，当振动波传播到 DXWIB 时，内部高阻尼 Duxseal 材料吸收部分短波；同时，DXWIB 屏障对入射波进行散射，此时屏障起到次生波源的作用，部分入射波在其表面产生波长更短的次生波，波长变短，加速波的传播衰减，振动幅值减小，起到振动隔振减振效果。

假设入射波的振幅和波速分别为 A_1 和 V_1，反射波的振幅和波度分别为 A_2 和 V_2，透射波的振幅和波度分别为 A_3 和 V_3。当入射波由密度为 ρ_1 的介质界面入射到密度为 ρ_2 的介质界面时，有关系式：

$$
\begin{cases}
A_2 = A_1 \dfrac{\rho_1 V_1 - \rho_2 V_3}{\rho_2 V_3 + \rho_1 V_1} \\
A_3 = A_1 \dfrac{2\rho_1 V_1}{\rho_2 V_3 + \rho_1 V_1}
\end{cases}
\tag{1-2}
$$

式中，ρV 为介质密度 ρ 和波速 V 的乘积，表示介质的波阻抗。

根据波阻抗的概念，定义波阻抗比，即不同介质界面上第一种介质的波阻抗 $\rho_1 V_1$ 与第二种介质的波阻抗 $\rho_2 V_2$ 的比值，表示为：

$$
\alpha = \frac{\rho_1 V_1}{\rho_2 V_2}
\tag{1-3}
$$

由式（1–3）可知，波阻抗比与隔振屏障透射的总能量成反比，隔振屏障透射的总能量随着波阻抗比的增大而减小。因此，由密度较小的 Duxseal 材料与密度较大的波阻板两种互补性材料组成的复合屏障可较好地改善波阻板的隔振性能。

根据声子晶体的原理，将复合波阻板设计成周期排列的声子结构，如图 1.2 所示。通过优化调整周期结构参数及组元材料参数，能达到对目标频率振动隔离的目的，以突破波阻板受地基土层截止频率的制约。

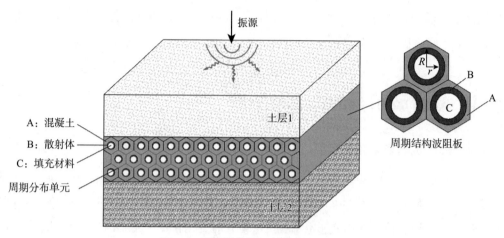

图 1.2 周期结构波阻板隔振示意图

主要参考文献

［1］谢定义. 土动力学［M］. 北京：高等教育出版社，2011.

［2］刘洋. 土动力学基本原理［M］. 北京：清华大学出版社，2019.

［3］田抒平. 竖向激振作用下 Duxseal-WIB 联合隔振研究［D］. 青岛：山东科技大学，2020.

［4］张致松. Duxseal 和波阻板联合隔振性能及机理研究［D］. 青岛：山东科技大学，2021.

［5］CHOUW N, LE R, SCHMID G. Propagation of vibration in a soil layer over bedrock［J］. Engineering Analysis with Boundary Elements, 1991, 8(3): 125-131.

［6］WOLF J P. Soil-structure-interaction analysis in time domain［J］. Nuclear Engineering and Design, 1989, 111(3): 381-393.

［7］CHOUW N, LE R, SCHMID G. An approach to reduce foundation vibrations and soil waves using dynamic transmitting behavior of a soil layer［J］. Bauingenieur, 1991, 66(1): 215-221.

［8］SCHMID G, CHOUW N, LE R. Shielding of structures from soil vibrations［J］. International Journal of Rock Mechanics and Mining Sciences and Geomechanics Abstracts, 1993, 30(4): 651-662.

［9］TAKEMIYA H, FUJIWARA A. Wave propagation/impediment in a stratum and wave impeding block (WIB) measured for SSI response reduction［J］. Soil Dynamics and Earthquake Engineering, 1994, 13(1): 49-61.

［10］PEPLOW A T, JONES C J C, PETYT M. Surface vibration propagation over a layered elastic half-space with an inclusion［J］. Applied Acoustics, 1999, 56(4): 283-296.

［11］ANDERSEN L, NIELSEN S R K. Reduction of ground vibration by means of barriers or soil improvement along a railway track［J］. Soil Dynamics and Earthquake Engineering, 2005, 25(7): 701-716.

［12］SHENG X, JONES C J C, THOMPSON D J. Prediction of ground vibration from trains using the wavenumber finite and boundary element methods［J］. Journal of Sound and Vibration, 2006, 293

(3–5): 575–586.

[13] STEENBERGEN M J M M, METRIKINE A V, ESVELD C. Assessment of design parameters of a slab track railway system from a dynamic viewpoint [J]. Journal of Sound and Vibration, 2007, 306(1–2): 361–371.

[14] CELEBI E, GOEKTEPE F. Non–linear 2–D FE analysis for the assessment of isolation performance of wave impeding barrier in reduction of railway–induced surface waves [J]. Construction & Building Materials, 2012, 36(11): 1–13.

[15] LOMBAERT G, DEGRANDE G, FRANOIS S, et al. Ground–Borne Vibration due to Railway Traffic: A Review of Excitation Mechanisms, Prediction Methods and Mitigation Measures [C]. Proceedings of the 11th International Workshop on Railway Noise, Uddevalla, Sweden, 9–13, September 2013.

[16] COULIER P, FRANÇOIS S, DEGRANDE G, et al. Subgrade stiffening next to the track as a wave impeding barrier for railway induced vibrations [J]. Soil Dynamics and Earthquake Engineering, 2013, 48(5): 119–131.

[17] 高广运，王非，陈功奇，等. 轨道交通荷载下饱和地基中波阻板主动隔振研究 [J]. 振动工程学报，2014，27（3）：433–440.

[18] GAO G Y, LI N, GU X Q. Field experiment and numerical study on active vibration isolation by horizontal blocks in layered ground under vertical loading [J]. Soil Dynamics and Earthquake Engineering, 2015, 69: 251–261.

[19] GAO G Y, CHEN J, GU X Q, et al. Numerical study on the active vibration isolation by wave impeding block in saturated soils under vertical loading [J]. Soil Dynamics and Earthquake Engineering, 2017, 93: 99–112.

[20] 谢伟平，高俊涛，毛云. WIB 用于地铁引发低频振动的减振分析 [J]. 华中科技大学学报（城市科学版），2009，26（2）：1–4.

[21] 谭燕，何锃，高俊涛. 地铁引发低频振动的隔振效果分析 [J]. 华中科技大学学报（自然科学版），2009，37（5）：106–108.

[22] TAN Y, HE Z, GAO J T. Mitigation analysis of subway–induced low–frequency vibrations [J]. Journal of Huazhong University of Science and Technology. Nature Science, 2009, 37(5): 106–108.

[23] 王俊峰. 地铁隧道下的波阻块对减少建筑物振动的数值分析 [J]. 城市轨道交通研究，2010，13（8）：54–58.

[24] KAYNIA A M, MADSHUS C, ZACKRISSON P. Ground vibration from high–speed trains: Prediction and countermeasure [J]. Journal of Geotechnical and Geoenvironmental Engineering, 2000, 126(6): 531–537.

[25] THOMPSON D J, JIANG J, TOWARD M G R, et al. Mitigation of railway–induced vibration by using subgrade stiffening [J]. Soil Dynamics and Earthquake Engineering, 2015, 79(12): 89–103.

[26] 栗润德，刘维宁，张鸿儒. 区间地铁列车振动的地面响应测试分析 [J]. 中国铁道科学，2008，29（1）：120–126.

[27] 盛涛，张善莉，单伽锃，等. 地铁振动的传递及对建筑物的影响实测与分析 [J]. 同济大学学

报（自然科学版），2015，43（1）：54-59.

［28］TAKEMIYA H. Field vibration mitigation by honeycomb WIB for pile foundations of a high-speed train viaduct［J］. Soil Dynamics and Earthquake Engineering, 2004, 24(1): 69-87.

［29］李志江，何锃，谭燕，等. HWIB用于高速铁路引发低频振动的隔振分析［J］. 华中科技大学学报（自然科学版），2011，39（3）：34-38.

［30］周凤玺，马强，赖远明. 含液饱和多孔波阻板的地基振动控制研究［J］. 振动与冲击，2016，35（1）：96-105.

［31］马强，周凤玺，刘杰. 梯度波阻板的地基振动控制研究［J］. 力学学报，2017，49（6）：1360-1369.

［32］MA Q, ZHOU F X. Analysis of isolation ground vibration by graded wave impeding block under a moving load［J］. Journal of Engineering, 2018, 41(2): 1-6.

［33］田抒平，高盟，王滢，等. 二维均质弹性地基Duxseal材料主动隔振研究［J］. 振动工程学报，2019，32（4）：701-711.

［34］田抒平，高盟，王滢，等. Duxseal隔振性能数值分析与现场试验研究［J］. 岩土力学，2020,41（5）：1770-1780.

［35］GAO MENG, XU XIAO, CHEN Q S, et al. Reduction of metro vibrations by honeycomb columns under the ballast: Field Experiments［J］. Soil Dynamics and Earthquake Engineering, 2020, 129(2): 105913.

［36］GAO MENG, TIAN S P, CHEN Q S, et al. Isolation of Ground Vibration Induced by High Speed Railway by DXWIB: Field Investigation［J］. Soil Dynamics and Earthquake Engineering, 2020, 131(4): 106039.

［37］高盟，张致松，田抒平. 竖向激振力下WIB-Duxseal联合隔振试验研究［J］. 岩土力学，2021，42（2）：537-546.

第2章

Duxseal 阻尼材料的
主动隔振性能

2.1 概　述

Duxseal 是一种工业填料，其物理力学性质指标见表 2.1。1985 年科（Coe）等人首次将 Duxseal 用于离心机模型试验箱内壁，发现 Duxseal 具有优异的阻尼性能，可吸收振动反射能。随后，Duxseal 常被设置于模型试验箱内壁作为"吸收边界"以减小振动反射。

表 2.1　Duxseal 的物理力学性质指标

密度 /（kg·m^{-3}）	杨氏模量 / MPa	泊松比	黏滞阻尼比
1650	8.0	0.46	0.18−0.0003×（σ_{mean} / 0.001）

鉴于 Duxseal 良好的阻尼性能，已被作为隔振屏障用于动力机器、交通等人工振源诱发的场地振动的主动隔振。

本章介绍 Duxseal 在均质地基、层状地基和 Gibson 地基中的主动隔振性能，Duxseal 与波阻板隔振性能的差异，以及 Duxseal 在高速铁路隔振中的应用。

2.2　Duxseal 在均质地基中的主动隔振性能

为研究 Duxseal 的隔振性能，高盟课题组根据二维频域边界元法，编写 Matlab 数值计算程序，计算半空间均质弹性地基中 Duxseal 不同宽度、厚度及顶面距地表埋深时地表位移振动幅值，分析了如图 2.1 所示竖向激振下 Duxseal 的隔振效应。计算中，采用 Rayleigh 波波长（λ_R=10 m）对相关几何尺寸归一化：基础宽度为 $W=w/\lambda_R$；Duxseal 的宽度和厚度分别为 $B=b/\lambda_R$、$D=d/\lambda_R$；Duxseal 顶面距地表的埋深为 $H=h/\lambda_R$；单位长度 $l=L/\lambda_R$；距振源的水平距离 $S=s/\lambda_R$。

竖向简谐激振作用在基础表面中点处，激振频率 f=18 Hz，在基础下方的均质软土地基中埋置 Duxseal。假设基础为无质量刚性基础，宽度 W=0.3。地基土的物理力学性质指标见表 2.2。

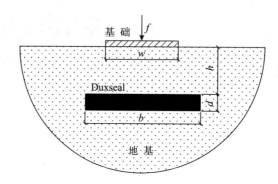

图 2.1　Duxseal 隔振示意图

表 2.2　地基土的物理力学性质指标

对象	密度 / (kg · m^{-3})	杨氏模量 / MPa	泊松比	黏滞阻尼比
土体	1850	137.8	0.3	0.05

注：σ_{mean} 为平均有效应力

采用伍兹（Woods）提出的振幅衰减系数 A_R 来衡量隔振效果，振幅衰减系数 A_R 可根据二维边界元方法求解的半空间表面弹性波产生位移表示为：

$$A_R = \frac{|u|}{|u^i|} = \frac{|u^i + u^s|}{|u^i|} \qquad (2-1)$$

式中，u 为总位移，u^i 为入射波产生的位移，u^s 为散射波产生的位移。若 A_R=0，则说明 Duxseal 的隔振效率为 100%；若 A_R=1，则表明 Duxseal 隔振效率为 0。

为评价 3 种屏障在测振范围内的平均振动隔振效果，引入 Tsai 等提出的平均振幅衰减系数 $\overline{A}_R$ 来评价 Duxseal 几何尺寸等参数对隔振效果的影响，其定义为：

$$\overline{A}_R = \frac{1}{A} \int A_R \mathrm{d}A \qquad (2-2)$$

式中，A 为测线长度，即测振范围净长度。

2.2.1　Duxseal 宽度对隔振效果的影响

在竖向激振作用下，均质弹性地基中 Duxseal 顶面距地表埋深 H=0.54，厚度 D=0.09，Duxseal 宽度 B 变化时，地表水平位移和竖向位移振幅在距离振源 1.5~40 m 变化曲线，如图 2.2 所示；图 2.3 为相应地表水平位移和竖向位移振幅衰减系数 A_R 随距离的变化曲线。

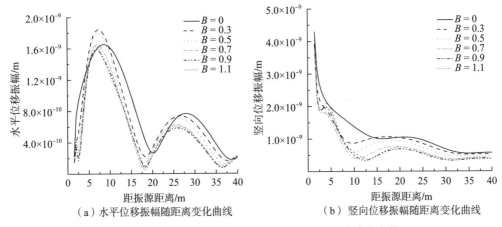

|（a）水平位移振幅随距离变化曲线|（b）竖向位移振幅随距离变化曲线|

图 2.2　Duxseal 宽度不同时地表位移振幅随距离变化曲线

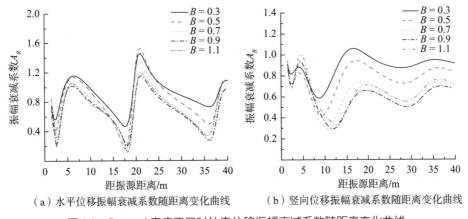

|（a）水平位移振幅衰减系数随距离变化曲线|（b）竖向位移振幅衰减系数随距离变化曲线|

图 2.3　Duxseal 宽度不同时地表位移振幅衰减系数随距离变化曲线

对竖向激振作用下的地表明置基础，其地表水平位移振幅随距振源距离的增加呈波动状衰减，而竖向位移振幅随距振源距离的增加呈单调衰减趋势。当 Duxseal 宽度较小时（B=0.3），在距离振源 1.5~40 m，地表水平位移和竖向位移存在多处振幅放大的现象，表现为位移振幅衰减系数 A_R>1，整体隔振减振效果较差。当 0.3<B ≤ 0.7，在距振源 1.5~40 m 范围内，地表水平位移变化复杂，曲线波峰和波谷附近位移振幅略大于自由场（B=0）位移振幅，表现为位移振幅衰减系数 A_R>1；而地表竖向位移振幅几乎全部小于自由场位移振幅，表现为竖向位移振幅衰减系数 $A_R<1$，振幅衰减系数变化曲线相对平稳；此外，随着 Duxseal 宽度的增加，地表水平位移和竖向位移平均振幅衰减系数迅速减小，隔振效果明显提高。当 $0.7<B\leq0.9$，随着 Duxseal 宽度的增加，地表水平位移和竖向位移出现部分振幅回升现象，平均振幅衰减系数衰减速度变缓，位移隔振减振效果缓慢增加。当 $B>0.9$，随着 Duxseal 宽度的增加，地表水平位移和竖向位移振幅逐渐出现整体回升现象，接近自由场位移振幅，表现为平均振幅衰减系数逐渐增大，隔振效果变差。

根据波的传播理论，荷载作用产生的弹性波在地基中传播时，由于土体的阻尼作用，随着弹性波传播距离的增加，能量逐渐耗散，引发的地表位移振幅整体呈衰减趋势。在振源下面（亦称为正面）埋置 Duxseal 时，Duxseal 起到次生波源作用，在其表面产生波长更短的次生波，波长变短，加速波的衰减，地表位移振幅减小；同时，部分弹性波在遇到基础下方 Duxseal 后会发生散射，导致部分地表位移振幅存在放大现象。

Duxseal 以较小宽度达到较好的隔振效果。在本算例中，当 Duxseal 顶面距地表埋深 $H=0.54$，厚度 $D=0.09$，宽度 $B=0.7$，在距振源 $1.5\sim40$ m，平均地表水平位移振幅衰减系数 $\overline{A}_R=0.73$，即隔振效果达到 27%，平均地表竖向位移振幅衰减系数 $\overline{A}_R=0.63$，即隔振效果达到 37%。

2.2.2 Duxseal 厚度对隔振效果的影响

在竖向激振作用下，均质弹性地基中 Duxseal 顶面距地表埋深 $H=0.54$，宽度 $B=0.6$，Duxseal 厚度 D 变化时，地表水平位移和竖向位移振幅在距离振源 $1.5\sim40$ m 变化曲线，如图 2.4 所示；图 2.5 为相应地表水平位移和竖向位移振幅衰减系数 A_R 随距离的变化曲线。

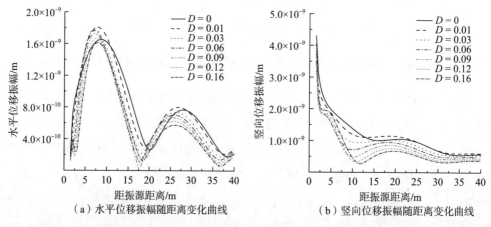

（a）水平位移振幅随距离变化曲线　（b）竖向位移振幅随距离变化曲线

图 2.4 Duxseal 厚度不同时地表位移振幅随距离变化曲线

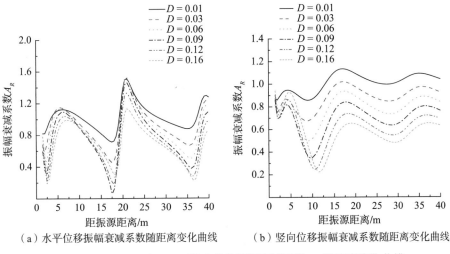

图 2.5　Duxseal 厚度不同时地表位移振幅衰减系数 A_R 随距离变化曲线

当 Duxseal 厚度较小时（$D \leqslant 0.03$），在距离振源 1.5~40 m，地表水平位移和竖向位移存在多处振幅放大现象，表现为位移振幅衰减系数 A_R>1，整体隔振效果较差。当 $0.03<D \leqslant 0.09$，在距振源 1.5~40 m，地表水平位移振幅变化复杂，曲线波峰和波谷附近位移振幅略大于自由场（D=0）位移振幅，表现为位移振幅衰减系数 A_R>1；而地表竖向位移振幅几乎全部小于自由场位移振幅，表现为竖向位移振幅衰减系数 A_R<1，振幅衰减系数变化曲线相对平稳；此外，随着 Duxseal 厚度的增加，地表水平位移和竖向位移平均振幅衰减系数迅速减小，隔振效果明显提高。当 D>0.09，随着 Duxseal 厚度的增加，地表水平位移和竖向位移出现部分振幅回升现象，逐渐接近自由场位移振幅，平均振幅衰减系数衰减速度变缓，隔振效果缓慢增加。

Duxseal 以较小厚度达到较好的隔振效果。对于本算例，当 Duxseal 顶面距地表埋深 H=0.54，宽度 B=0.6，厚度 D=0.12 时，在距振源 1.5~40 m，平均地表水平位移振幅衰减系数 $\overline{A}_R$=0.73，即隔振效果达到 27%，平均地表竖向位移振幅衰减系数 $\overline{A}_R$=0.62，即隔振效果达到 38%。

2.2.3　Duxseal 埋深对隔振效果的影响

在竖向激振作用下，均质弹性地基中 Duxseal 宽度 B=0.6，厚度 D=0.09，Duxseal 顶面距地表埋深 H 变化时，地表水平位移和竖向位移振幅在距离振源 1.5~40 m 变化曲线，如图 2.6 所示；图 2.7 为相应地表水平位移和竖向位移振幅衰减系数 A_R 随距离的变化曲线。

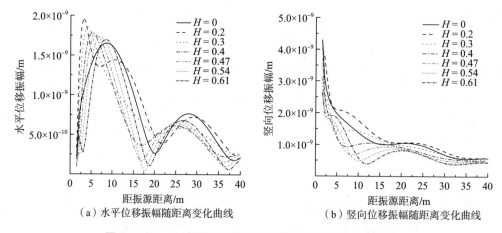

（a）水平位移振幅随距离变化曲线　　　　（b）竖向位移振幅随距离变化曲线

图 2.6　Duxseal 埋深不同时地表位移振幅随距离变化曲线

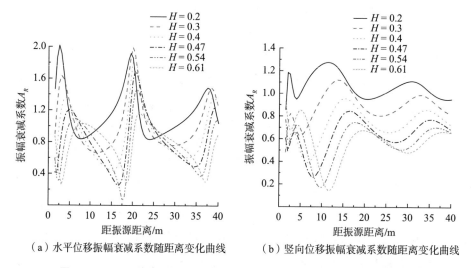

（a）水平位移振幅衰减系数随距离变化曲线　　　　（b）竖向位移振幅衰减系数随距离变化曲线

图 2.7　Duxseal 埋深不同时地表位移振幅衰减系数 A_R 随距离变化曲线

当 Duxseal 顶面距地表埋深较小时（$H=0.2$），地表水平和竖向位移振幅存在整体放大现象，表现为平均位移振幅衰减系数 $\bar{A}_R>1$，即振动放大。当 $0.2<H \leqslant 0.4$，在距离振源 1.5~40 m，地表水平位移和竖向位移振幅虽仍存在部分放大现象，但位移振幅迅速衰减，表现为平均位移振幅衰减系数逐渐小于 1，Duxseal 逐渐起到隔振效果。当 $0.4<H \leqslant 0.54$，在距振源 1.5~40 m 范围内，地表水平位移变化复杂，曲线波峰和波谷附近位移振幅略大于自由场（$H=0$）位移振幅，表现为位移振幅衰减系数 $A_R>1$；而地表竖向位移振幅几乎全部小于自由场位移振幅，表现为竖向位移振幅衰减系数 $A_R<1$，振幅衰减系数变化曲线相对平稳；此外，随着 Duxseal 顶面距地表埋深的增加，地表

水平位移和竖向位移平均振幅衰减系数迅速减小，隔振效果明显提高。当 $H>0.54$，随着 Duxseal 顶面距地表埋深的增加，地表水平位移和竖向位移出现部分振幅回升现象，逐渐接近自由场位移振幅，平均振幅衰减系数衰减速度变缓，隔振效果缓慢增加。

　　Duxseal 距地表埋深达到一定值时，方可起到隔振效果。对于本算例，当 Duxseal 宽度 $B=0.6$，厚度 $D=0.09$，顶面距地表埋深 $H=0.54$ 时，在距振源 $1.5{\sim}40$ m，平均地表水平位移振幅衰减系数 $\overline{A}_R=0.77$，即隔振效果达到 23%，平均地表竖向位移振幅衰减系数 $\overline{A}_R=0.69$，即隔振效果达到 31%。

2.3　Duxseal 在层状地基中的主动隔振性能

　　地基土往往是呈层状分布的，这种成层性会影响 Duxseal 的隔振性能。高盟课题组采用三维半解析边界元法及其计算程序分析了竖向简谐激振作用下 Duxseal 在层状地基中隔振效应。如图 2.8 所示，竖向简谐激振作用在基础表面中点处，激振频率 $f=16$ Hz，在基础下方的层状弹性地基中埋置 Duxseal 屏障。假设基础为无质量刚性基础，宽度 $W=0.2$。

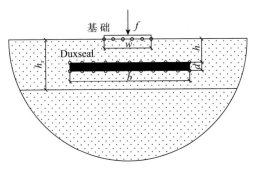

图 2.8　Duxseal 隔振示意图

　　选取上硬下软和上软下硬两种层状半空间模型，详细分析土层性质和 Duxseal 直径、厚度及埋深对隔振效果的影响。其中，上硬下软是指由土层 2 和土层 1 构成的双层弹性地基模型；上软下硬是指由土层 2 和土层 3 构成的双层弹性地基模型。上硬下软相对于上软下硬，地基土质整体状态较软。计算时，采用与均质地基相同的表层土剪切模量对应的 Rayleigh 波波长（$\lambda_R=10$ m）对相关几何尺寸进行归一化，地基土层参数见表 2.3。

表 2.3 Duxseal 及土体计算参数取值

土　　层	密度 / (kg · m⁻³)	杨氏模量 / MPa	泊松比	黏滞阻尼比
土层 1	1522	59.04	0.44	0.05
土层 2	1800	140.98	0.33	0.05
土层 3	2000	357.60	0.49	0.05

注：σ_{mean} 为平均有效应力

对于隔振效果的评价，同样采用 Woods 提出的用振幅衰减系数 A_R 来衡量，引入平均振幅衰减系数 $\overline{A_R}$ 来衡量整体隔振效果。

2.3.1　Duxseal 在上硬下软地基中的隔振性能分析

在竖向激振作用下，上硬下软工况中 Duxseal 顶面距地表埋深 H=0.60，厚度 D=0.12 时，对距振源 1~40 m 范围内地表位移整体隔振效果随宽度 B 变化曲线，如图 2.9 所示。选取 Duxseal 埋置宽度 B 分别为 0.5、1.0、1.2、1.4、1.6 作为代表，分析 Duxseal 对距离振源 1~40 m 范围内的振动隔振规律。图 2.10 为不同 Duxseal 埋置宽度时，地表径向位移和竖向位移振幅衰减系数 A_R 随距振源距离变化曲线。

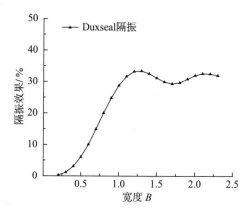

图 2.9　地表位移隔振效果随宽度变化曲线

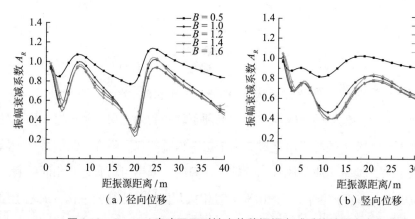

（a）径向位移　　　　　　（b）竖向位移

图 2.10　Duxseal 宽度不同时地表位移振幅衰减系数随距离变化曲线

　　当 Duxseal 埋置宽度 B=1.2 时，对地表位移的隔振效果达到峰值，约为 33.24%。同时可知，当 $0.5<B \leqslant 1.2$ 时，随宽度的增加，对地表位移的隔振效果呈线性趋势迅速增加至峰值；当 $B>1.2$ 时，对地表位移的隔振效果随宽度的增加呈波动状缓慢衰减。Duxseal 对距离振源较远处地表位移隔振效果相对较近处较好；径向位移振幅衰减系数随距离振源距离增加变化曲线相对竖向位移较为复杂。此外，当宽度较小（$B \leqslant 1$）或较大（$B \geqslant 1.6$）时，地表位移存在一定范围的振幅放大区，表现为 $A_R>1$，其中径向位移振幅放大现象尤为显著。

　　考虑到波的传播理论，在振源下面埋置 Duxseal 时，Duxseal 起到次生波源作用，在其表面产生波长更短的次生波，波长变短，加速波的衰减，地表位移振幅减小；同时，部分弹性波在遇到基础下方 Duxseal 后会发生散射，导致部分地表位移振幅存在放大现象。

　　在竖向激振作用下，上硬下软时 Duxseal 顶面距地表埋深 H=0.60，宽度 B=1.2 时，对距振源 1~40 m 范围内地表位移整体隔振效果随厚度 D 变化曲线，如图 2.11 所示。选取 Duxseal 埋置厚度 D 分别为 0.02、0.08、0.10、0.12、0.14、0.16 作为代表，分析 Duxseal 对距离振源 1~40 m 范围内的隔振规律。图 2.12 为不同 Duxseal 埋

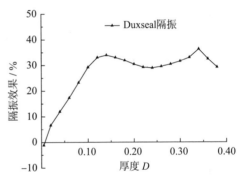

图 2.11　地表位移隔振效果随厚度变化曲线

置厚度时，地表径向位移和竖向位移振幅衰减系数 A_R 随距振源距离变化曲线。

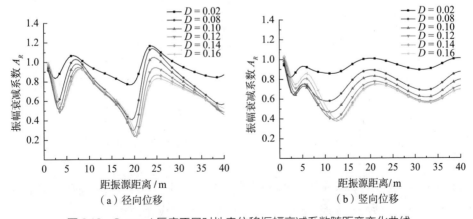

（a）径向位移　　　　　　　　（b）竖向位移

图 2.12　Duxseal 厚度不同时地表位移振幅衰减系数随距离变化曲线

当 Duxseal 埋置厚度 $D=0.14$ 时，对地表位移的隔振效果达到第一次峰值 34.15%；当 $D=0.34$ 时，Duxseal 对地表位移的隔振效果达到第二次峰值 36.33%。同时可以得知，当 $D<0.01$ 时，Duxseal 对地表位移造成振幅放大现象，即 $\overline{A}_R>1$，表现为隔振效果为负数；当 $0.01 \leqslant D \leqslant 0.14$ 时，随厚度的增加，Duxseal 逐渐起到隔振作用，随后呈线性趋势迅速增加至峰值；当 $D>0.14$ 时，对地表位移的隔振效果随厚度的增加呈波动状缓慢衰减。当厚度较小（$D \leqslant 0.08$），地表径向位移存在一定区域的振幅放大现象，表现为 $A_R>1$；而竖向位移振幅衰减系数在距离振源 1~40 m 范围内几乎全部小于 1，隔振效果相对均匀。

在竖向激振作用下，上硬下软工况中 Duxseal 厚度 $D=0.12$，宽度 $B=1.2$ 时，对距振源 1~40 m 范围内地表位移整体隔振效果随 Duxseal 顶面距地表埋深 H 变化曲线，如图 2.13 所示。考虑到隔振效果，选取埋深 H 分别为 0.45、0.50、0.55、0.60、0.65 作为代表，分析 Duxseal 对距离振源 1~40 m 的隔振规律。图 2.14 为不同 Duxseal

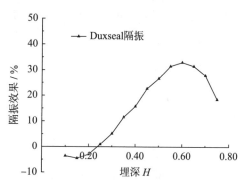

图 2.13　地表位移隔振效果随埋深变化曲线

埋深时，地表径向位移和竖向位移振幅衰减系数 A_R 随距振源距离变化曲线。

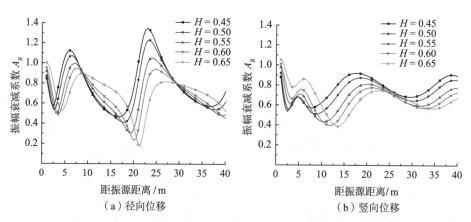

（a）径向位移　　　　　　　（b）竖向位移

图 2.14　Duxseal 埋深不同时地表位移振幅衰减系数随距离变化曲线

当 Duxseal 顶面距地表埋深 $H=0.60$ 时，对地表位移的隔振效果达到峰值 33.24%。同时可以得知，当 $H<0.24$ 时，Duxseal 对地表位移造成振幅放大现象，即 $\overline{A}_R>1$，表现为隔振效果为负数；当 $0.24 \leqslant H \leqslant 0.60$ 时，随埋深的增加，对地表位移逐渐起到隔振作用，随后呈线性趋势迅速增加至峰值；当 $H>0.60$ 时，对地表位移的隔振效果随埋深的增加迅速衰减。当埋深偏小（$H \leqslant 0.55$），地表径向位移均存在一定范围的振幅放大区，表现为 $A_R>1$，其中在距离振源 22~27 m 范围内尤为明显；而竖向位移振幅衰减系数在距离振源 1~40 m 几乎全部小于 1，隔振效果相对均匀。

2.3.2　Duxseal 在上软下硬地基中的隔振性能分析

在竖向激振作用下，上软下硬时 Duxseal 顶面距地表埋深 $H=0.55$，厚度 $D=0.12$ 时，对距振源 1~40 m 范围内地表位移整体隔振效果随宽度 B 变化曲线，如图 2.15 所示。选取 Duxseal 埋置宽度 B 分别为 0.5、1.0、1.2、1.4、1.6、2.3 作为代表，分析 Duxseal 对距离振源 1~40 m 范围内的隔振规律。图 2.16 为不同 Duxseal 埋置宽度时，地表径向位移和竖向位移振幅衰减系数 A_R 随距振源距离变化曲线。

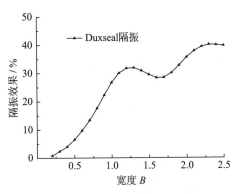

图 2.15　地表位移隔振效果随宽度变化曲线

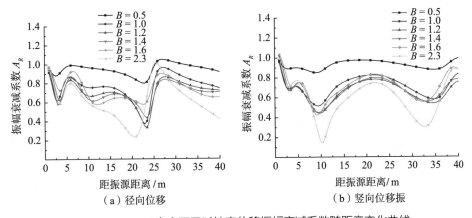

（a）径向位移　　　　　（b）竖向位移振

图 2.16　Duxseal 宽度不同时地表位移振幅衰减系数随距离变化曲线

设置 Duxseal 可以有效减缓上软下硬工况地表位移振幅。当 Duxseal 埋置宽度 $B=1.2$ 时，对地表位移的隔振效果达到第一次峰值 31.94%；当 $B=2.3$ 时，对地表位移的隔振效果达到第二次峰值 40.16%。同时可以得知，当 $B \leqslant 1.2$ 时，随着宽度增加，对地表位移的隔振效果迅速提高至峰值；当 $1.2<B \leqslant 1.6$ 时，对地表位移的隔振效果随宽度的增加缓慢衰减；当 $1.6<B<2.3$ 时，对地表位移的隔振效果随宽度增加而回升，

并显著提高。同上硬下软工况隔振特性相似，Duxseal 对上软下硬工况距振源较远处地表位移的隔振效果相比距振源较近处较好；此外，地表径向和竖向位移几乎不存在的振幅放大现象，隔振效果相对上硬下软工况较为均匀。

厚度、埋深一定时，Duxseal 对上软下硬工况的最优隔振效果优于上硬下软工况；然而，当 $0.5<B<1.8$ 时，Duxseal 对上硬下软工况地表位移的隔振效果优于上软下硬工况。需要注意的是，考虑到 Duxseal 埋深对隔振效果的影响显著，对比分析上硬下软工况与上软下硬工况中 Duxseal 宽度、厚度对其隔振效果的影响时，依据土质参数，相同条件中上硬下软工况中 Duxseal 顶面距地表埋深的取值为 0.60，上软下硬工况中取值为 0.55。

在竖向激振作用下，上软下硬工况中 Duxseal 顶面距地表埋深 H=0.55，宽度 B=1.2 时，对距振源 1~40 m 地表位移整体隔振效果随厚度 D 变化曲线，如图 2.17 所示。选取 Duxseal 埋置厚度 D 分别为 0.02、0.08、0.10、0.12、0.14、0.16 作为代表，分析 Duxseal 对距离振源 1~40 m 的隔振规律。图 2.18 为不同 Duxseal

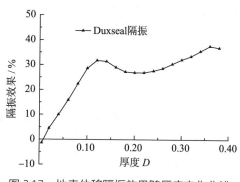

图 2.17　地表位移隔振效果随厚度变化曲线

埋置厚度时，地表径向位移和竖向位移振幅衰减系数 A_R 随距振源距离变化曲线。

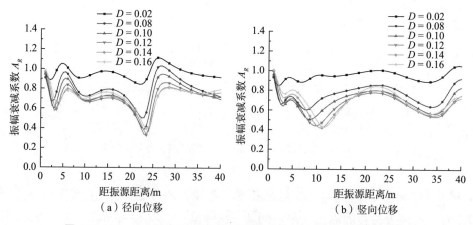

（a）径向位移　　　　　　　　　（b）竖向位移

图 2.18　Duxseal 厚度不同时地表位移振幅衰减系数随距离变化曲线

当 Duxseal 埋置厚度 D=0.12 时，对地表位移的隔振效果达到第一次峰值 31.79%；当 D=0.36 时，Duxseal 对地表位移的隔振效果达到第二次峰值 37.61%。同时可以得知，当

$D<0.015$ 时，Duxseal 对地表位移造成振幅放大现象，即 $\overline{A}_R>1$，表现为隔振效果为负数；当 $0.015 \leqslant D<0.12$ 时，随着厚度增加，对地表位移逐渐起到隔振作用，并呈线性趋势迅速增加；当 $0.20 \leqslant D<0.36$ 时，对地表位移的隔振效果随厚度增加而回升，并缓慢提高。同上硬下软工况隔振特性相似，当 Duxseal 厚度较小（$D \leqslant 0.08$），上软下硬工况地表径向位移存在一定范围的振幅放大区，表现为 $A_R>1$，而竖向位移振幅衰减系数在距离振源 1~40 m 几乎全部小于 1，隔振效果相对均匀。

当宽度、埋深一定时，Duxseal 对上软下硬工况的最优隔振效果大于上硬下软工况；然而，当 $D<0.28$ 时，Duxseal 对上硬下软工况地表位移的隔振效果优于上软下硬工况。

在竖向激振作用下，上软下硬工况 Duxseal 厚度 $D=0.12$，宽度 $B=1.2$，对距振源 1~40 m 范围内地表位移整体隔振效果随顶面距地表埋深 H 变化曲线，如图 2.19 所示。选取 Duxseal 顶面距地表埋深 H 分别为 0.40、0.45、0.50、0.55、0.60 作为代表，分析 Duxseal 对距离振源 1~40 m 的隔振规律。图 2.20 为不同 Duxseal 埋深时，地表径向位移和竖向位移振幅衰减系数 A_R 随距振源距离变化曲线。

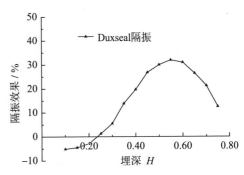

图 2.19　地表位移隔振效果随埋深变化曲线

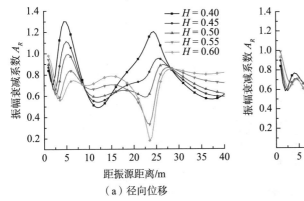

（a）径向位移

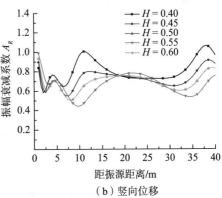

（b）竖向位移

图 2.20　Duxseal 埋深不同时地表位移振幅衰减系数随距离变化曲线

当 Duxseal 顶面距地表埋深 $H=0.55$ 时，对地表位移的隔振效果达到峰值，约为 31.79%。同时可以得知，当 $H<0.23$ 时，Duxseal 对地表位移造成振幅放大现象，即 $\overline{A}_R>1$，表现为隔振效果为负数；当 $0.23 \leqslant H \leqslant 0.55$ 时，随着埋深增加，对地表位移逐渐起到隔振作用，随后呈线性趋势迅速增加至峰值；当 $H>0.55$ 时，对地表位移的隔振效果随埋深的增加迅速衰减。与上硬下软工况相似，Duxseal 埋深对上软下硬工况地表位移的隔振效果具有显著影响。当埋深偏小（$H<0.50$），地表径向位移均存在一定范围的振幅放大区，表现为 $A_R>1$，在距振源 4~8 m 及 22~28 m 时尤为明显；而竖向位移振幅衰减系数在距离振源 1~40 m 时几乎全部小于 1，隔振效果相对均匀。

当宽度、厚度一定时，Duxseal 对上硬下软工况地表位移的最优隔振效果大于上软下硬工况；然而，当 $H \leqslant 0.55$ 时，Duxseal 对上软下硬工况地表位移的隔振效果要优于上硬下软工况。

2.4 Duxseal 在 Gibson 地基中的主动隔振性能

天然地基的弹性模量会随着深度的增加而逐渐增大，这样的地基称为 Gibson 地基。将 Gibson 地基中某一薄层设置为 Duxseal，如图 2.21 所示。根据薄层法边界元基本解，编写 MATLAB 程序，计算列车移动荷载作用下 Duxseal 在 Gibson 地基中的隔振效果。对于隔振效果的评价，采用 Woods 提出的用振幅衰减系数 A_R 来衡量。

轨道宽度 B 取为 1.5 m，模型长度 x 方向取列车的长度 136.8 m，宽度 y 方向取无限长，深度 z 方向底部边界为旁轴边界。轨道下设置与列车长度相同的 Duxseal 隔振体系，其宽度、厚度和顶板埋深分别为 w、h 和 t，计算时，采用轨道宽度 B 对相关几何尺寸进行归一化。

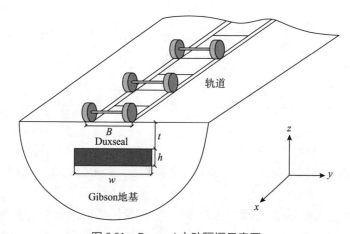

图 2.21 Duxseal 主动隔振示意图

土体的剪切模量与深度呈非线性关系：

$$G_s\left(z\right) = G_{s0} + \left(G_{s\infty} - G_{s0}\right)\left[1 - \exp\left(-\beta z\right)\right] \tag{2-3}$$

Gibson 地基参数见表 2.4。

表 2.4　Gibson 地基参数

密度 / (kg·m⁻³)	剪切模量 / MPa	泊松比	黏滞阻尼比
1850	53.0	0.33	0.05

2.4.1　Duxseal 厚度在 Gibson 地基中对隔振效果的影响

在竖向激振作用下，Gibson 地基中 Duxseal 顶面距地表埋深 $t = 0.667B$，宽度 $w=6B$，Duxseal 厚度 h 分别为 $0.333B$、$0.667B$、$1.333B$、$2.667B$、$5.333B$。水平向和竖向 A_R 随振源距的关系曲线，如图 2.22 所示。

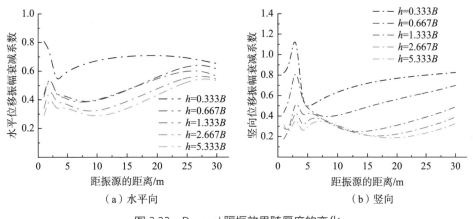

（a）水平向　　　　　　　　　　（b）竖向

图 2.22　Duxseal 隔振效果随厚度的变化

Duxseal 厚度分别大于 $0.667B$ 和 $1.333B$ 时，厚度增加所带来的隔振效果增幅较小。从距离来看，在水平方向上，隔振效果随着距离的变化先增后减再增，距振源距离 $l=$ 1 m 和 10 m 时效果最佳，隔振效率均为 71%。竖向的隔振效果明显好于水平方向，最大隔振效率在 $l=20$ m 处达到 82%。

2.4.2　Duxseal 宽度在 Gibson 地基中对隔振效果的影响

在竖向激振作用下，Gibson 地基中 Duxseal 顶面距地表埋深 $t=0.667B$，厚度 $h=0.667B$，Duxseal 宽度 w 分别为 $2B$、$4B$、$6B$、$8B$、$10B$。水平向和竖向 A_R 随振源距的关系曲线，如图 2.23 所示。

水平和竖直方向上的隔振效果随着厚度的增加而增大，当 $w > 4B$ 时，此时增加宽度，隔振效果变化较小。从距离上看，当 $w=2B$ 且 $l=3$ m 时，在水平方向上出现振动放大现象。在竖向上，$l<5$ m 时，宽度变化引起的隔振变化较小；5 m$<l<$18 m 时，Duxseal 宽度的取值均对隔振效率产生影响，且随着距离的增加隔振效果先增强后减弱；$l>$18 m 时，宽度对隔振几乎没有影响。Gibson 地基条件下，$w=4B$ 时综合隔振效果最好。

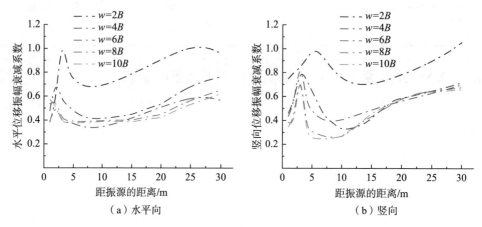

（a）水平向　　　　　　　　　（b）竖向

图 2.23　Duxseal 隔振效果随宽度的变化

2.4.3　Duxseal 埋深在 Gibson 地基中对隔振效果的影响

在竖向激振作用下，Gibson 地基中 Duxseal 的厚度 $h=0.667B$、宽度 $w=6B$，埋深 t 分别为 $0B$、$0.333B$、$0.667B$、$1.333B$、$2.667B$。水平向和竖向 A_R 随振源距的关系曲线，如图 2.24 所示。

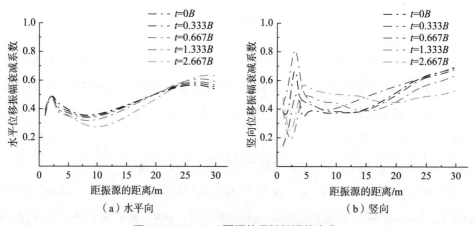

（a）水平向　　　　　　　　　（b）竖向

图 2.24　Duxseal 隔振效果随埋深的变化

埋深对水平方向的隔振影响较小，竖向上埋深的变化引起明显的振动起伏。从距离上看，在近场上（$l<10\ \mathrm{m}$）不同埋深下都能取得较好的隔振效果，水平向和竖向分别在 $l=10\ \mathrm{m}$ 和 $1\ \mathrm{m}$ 处效果最佳，达到 73% 和 86%；但 $l>10\ \mathrm{m}$ 时，距离的增加对隔振不利。因此，在隔振时，Duxseal 应选取较小的埋深，且更适用于近场隔振。

2.5　Duxseal 与波阻板隔振性能的差异

WIB 是一种常用的振动隔振方法，利用基岩上单一土层存在截止频率的特性进行隔振，受地基条件限制较小，尤其在低频振动中有着较为理想的隔振效果。而 Duxseal 则是利用其优异的阻尼性能，吸收振动能量，减少振动扩散。

2.5.1　均质弹性地基中 Duxseal 与波阻板隔振性能的差异

采用与均质地基相同的地表剪切模量对应的 Rayleigh 波波长 λ_R 对相关尺寸进行归一化。计算采用与李伟相同的动力模型、激振频率和土体物理力学参数进行对比分析。其中，激振频率 $f_l=16\ \mathrm{Hz}$。主要计算参数列于表 2.5，Duxseal 物理力学参数取值同表 2.2。

表 2.5　土体、WIB 和 Duxseal 计算参数

项目	密度 /（kg·m^{-3}）	杨氏模量 / MPa	泊松比	黏滞阻尼比	宽度	厚度	埋深
土体	1800	140.98	0.33	0	—	—	—
WIB	2400	18316.8	0.20	0	2.0	0.1	0.05
Duxseal	—	—	—	—	0.9	0.12	0.54

选取表 2.5 Duxseal 屏障的归一化单位尺寸为：0.1×0.9×0.12=0.0108（长度 l×宽度 B×厚度 D）；WIB 屏障的归一化单位尺寸为：0.1×2.0×0.1=0.02（长度 l×宽度 B×厚度 D）。计算可知，Duxseal 材料使用约为 WIB 的 54%。

在竖向激振荷载作用下，均质弹性地基中分别埋置 Duxseal 与 WIB 时，距离振源 0.15~3 范围内，地表位移振幅衰减系数随距离变化曲线对比如图 2.25 所示。

在竖向激振荷载作用下，地基中埋置 Duxseal 屏障时，地表水平和竖向位移振幅衰减系数变化曲线不同于 WIB 屏障；但是，Duxseal 和 WIB 屏障对地表竖向位移的隔振效果均优于水平位移。在上述计算参数下，在距离振源归一化距离 0.15~3，当地基中埋置 WIB 时，地表位移平均振幅衰减系数约为 0.5，即隔振效果达 50%。当地基中埋置 Duxseal 时，地表位移平均振幅衰减系数约为 0.64，即隔振效果达 36%。计算可以得到，

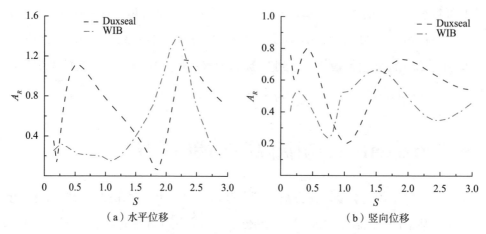

图 2.25　Duxseal 与 WIB 隔振下 A_R 变化曲线对比图

Duxseal 的材料使用约为 WIB 的 54%，但 Duxseal 隔振效果约为 WIB 的 72%。

对比 WIB 与 Duxseal 对地表位移的隔振特性，当地基中埋置 WIB 时，对位于屏障上方的地表位移尤其是水平位移隔振效果优于屏障宽度以外的地表位移隔振效果；当地基中埋置 Duxseal 时，地表水平和竖向位移振幅衰减系数均随着距离的增加呈波动趋势变化，隔振相对较为均匀。同时可以发现，Duxseal 与 WIB 隔振作用下，地表位移振幅衰减系数随距离变化曲线具有一定互补性，即 Duxseal 作用下地表位移振幅衰减系数较大处，WIB 作用下地表位移振幅衰减系数较小；与之相反，Duxseal 作用下地表位移振幅衰减系数较小处，WIB 作用下地表位移振幅衰减系数较大。

2.5.2　上硬下软层状弹性地基中 Duxseal 与波阻板隔振性能的差异

采用地表剪切模量对应的 Rayleigh 波波长 λ_R（λ_R=10 m）对相关尺寸进行归一化。计算采用与李伟相同的动力模型、激振频率和土体物理力学参数进行对比分析。激振频率 f_l=16 Hz。表 2.6 给出了土体、WIB 和 Duxseal 主要计算参数。

表 2.6　土体、WIB 和 Duxseal 主要计算参数

项目	密度 /（kg·m⁻³）	弹性模量 / MPa	泊松比	阻尼比	宽度	厚度	埋深
表层土	1800	140.98	0.33	0.05	—	1	—
底层土	1522	59.04	0.44	0.05	—	5	—
WIB	2400	18316.8	0.20	0.05	1	0.1	0.05
Duxseal	—	—	—	—	1	0.06	0.4

选取表 2.6 Duxseal 和 WIB 屏障的归一化单位尺寸为：3.14 ×（1/2）² × 0.06=0.0471，3.14 ×（1/2）² × 0.1=0.0785。即 Duxseal 用料约为 WIB 的 60%。

在竖向激振作用下，上硬下软层状弹性地基中埋置 Duxseal 与 WIB 屏障时，距离振源归一化距离 0.1~3 地表位移振幅衰减系数随距离变化曲线对比图，如图 2.26 所示。当地基中埋置 WIB 屏障时，在距离振源 0.1~3，地表位移的平均振幅衰减系数为 0.51，即隔振效果为 49%；当埋置 Duxseal 屏障时，在距离振源 0.1~3，地表位移的平均振幅衰减系数为 0.59，即隔振效果为 41%。分析可知，在 Duxseal 的材料使用量约为 WIB 的 60% 的条件下，Duxseal 的隔振效果仅略小于 WIB 的 84%。

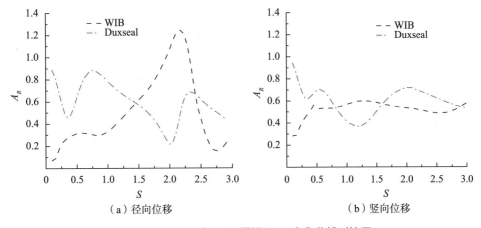

（a）径向位移　　　　　　　　　　　（b）竖向位移

图 2.26　Duxseal 与 WIB 隔振下 A_R 变化曲线对比图

在 WIB 屏障隔振作用下，随距离的增加，地表径向和竖向位移振幅衰减系数明显向上反弹。与之相比，Duxseal 对于距离振源较远处地表位移的隔振效果相对较为稳定。此外，与二维均质弹性地基相似，三维层状弹性地基中埋置 Duxseal 与 WIB 屏障时，地表位移振幅衰减系数随距离变化曲线具有一定互补性，即 Duxseal 屏障作用下地表位移振幅衰减系数较大处，WIB 屏障作用下地表位移振幅衰减系数较小；与之相反，Duxseal 作用下地表位移振幅衰减系数较小处，WIB 作用下地表位移振幅衰减系数较大。

2.6　Duxseal 在高速铁路隔振中的应用

济青高速铁路青岛市段某段路基穿越村庄，为增加路基两侧居民的舒适度、减少居民投诉，路基采取减振设计。Duxseal 隔振材料埋置在基床底层，顶面距轨道底面距离为 3.0 m，宽度 b=7.0 m，厚度 d=0.55 m，如图 2.27 所示。测试场地（两个测振路段地质条件相同）表层为黏性土，厚 2.6 m，第二层为粉质黏土，厚 4.3 m，下覆砂、黏土互层。

在列车运行 250 km/h 条件下，分别对有、无埋置 Duxseal 隔振材料的路段进行测振。

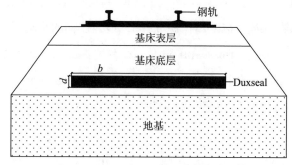

图 2.27　Duxseal 隔振材料埋置示意图

在列车运行 250 km/h 条件下，未采取隔振措施路段地表振动加速度时程曲线，如图 2.28 所示。在列车运行 250 km/h 条件下，基床中埋置 Duxseal 隔振材料路段地表振动加速度时程曲线，如图 2.29 所示。

基床中埋置 Duxseal 材料，高速铁路 X（纵向）、Y（横向）和 Z（竖直向）3 个方向的振动加速度均呈减小趋势，Duxseal 在自由场中具有显著隔振效果。未采取隔振措施路段 X 方向最大加速度约为 3.07×10^{-2} g，埋置 Duxseal 材料路段 X 方向最大加速度约为 2.11×10^{-2} g，隔振效果可达 31%；未采取隔振措施路段 Y 方向最大加速度约为 3.26×10^{-2} g，埋置 Duxseal 材料路段 Y 方向最大加速度约为 2.27×10^{-2} g，隔振效果可达 30%；未采取隔振措施路段 Z 方向最大加速度约为 3.93×10^{-2} g，埋置 Duxseal 材料路段 Z 方向最大加速度约为 2.39×10^{-2} g，隔振效果可达 39%。在振源能量相同条件下，振动能量的吸收与周围介质的特性（阻尼）有关，介质阻尼增大，振动传播衰减加快。

图 2.30 为当列车速度为 250 km/h 时，未设置隔振屏障路段地表振动加速度频谱曲线；图 2.31 为列车速度为 250 km/h 时，基床中埋置 Duxseal 隔振材料路段地表振动加速度频谱曲线。

分析可以发现，列车荷载作用下，未设置隔振材料路段测点频率成分复杂。测点 X 方向和 Z 方向存在多个主导频率，低频、中频和高频成分均有出现。X 方向主导频率有 3 个，分别为 35~50 Hz、115~140 Hz、220~230 Hz；Y 方向主导频率为 35~50 Hz；Z 方向主导频率有 3 个，分别为 40~50 Hz、85~110 Hz、210~230 Hz。由于 Duxseal 的阻尼作用，振动产生的部分频率成分被吸收，衰减速度加快。设置 Duxseal 隔振材料路段测点 X 方向主导频率为 35~45 Hz、105~120 Hz、180~200 Hz；Y 方向主导频率为 30~40 Hz；Z 方向主导频率为 40~45 Hz、90~100 Hz、185~210 Hz。

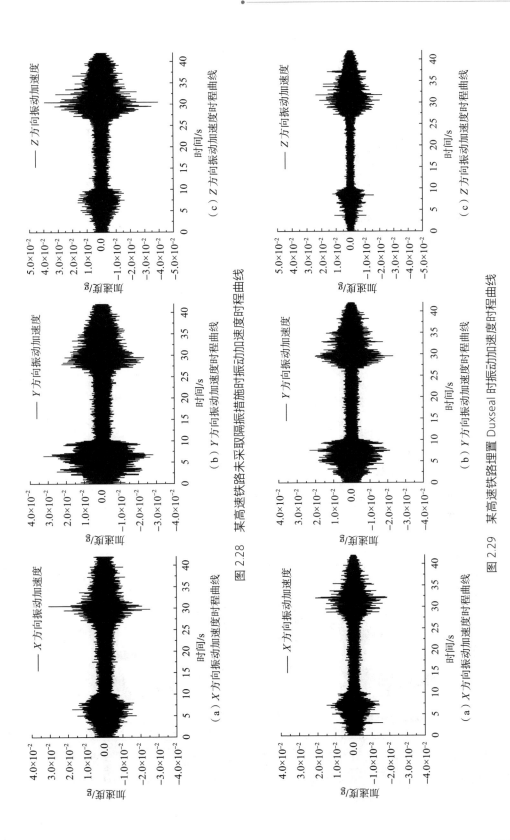

图 2.28　某高速铁路未采取隔振措施时振动加速度时程曲线

图 2.29　某高速铁路埋置 Duxseal 时振动加速度时程曲线

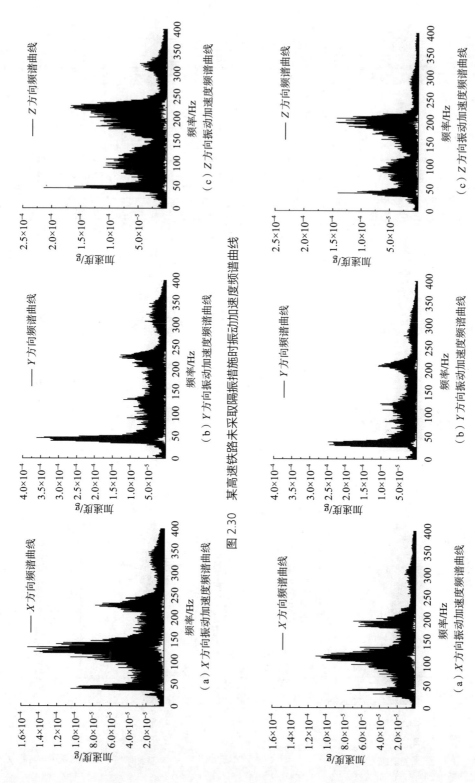

（a）X方向振动加速度频谱曲线　（b）Y方向振动加速度频谱曲线　（c）Z方向振动加速度频谱曲线

图 2.30　某高速铁路未采取隔振措施时振动加速度频谱曲线

（a）X方向振动加速度频谱曲线　（b）Y方向振动加速度频谱曲线　（c）Z方向振动加速度频谱曲线

图 2.31　某高速铁路埋置 Duxseal 时振动加速度频谱曲线

主要参考文献

［1］COE C J, PREVOST J H, SCANLAN R H. Dynamic stress waves reflection/attenuation: Earthquake simulation in centrifuge soil models［J］. Earthquake Engineering and Structural Dynamics, 1985, 13(1): 109–128.

［2］田抒平. 竖向激振作用下 Duxseal–WIB 联合隔振研究［D］. 青岛：山东科技大学，2020.

［3］田抒平，高盟，王滢，等. 二维均质弹性地基 Duxseal 材料主动隔振研究［J］. 振动工程学报，2019，32（4）：701–711.

［4］WOODS R D. Screening of surface waves in soils［J］. Journal of The Soil Mechanics and Foundations Division, ASCE, 1968, 94(4): 951–979.

［5］嵇醒，臧跃龙，程玉民. 边界元法进展及通用程序［M］. 上海：同济大学出版社，1977.

［6］王贻荪. 地面波动分析若干问题［J］. 建筑结构学报，1982，4（2）：56–67.

［7］LAMB H. On the propagation of tremors over the surface of an elastic solid［J］. Philosophical Transactions of the Royal Society, London (Series A), 1904, 203(359): 1–42.

［8］CHAKRABORTTY P, POPESCU R. Numerical simulation of centrifuge tests on homogeneous and heterogeneous soil models［J］. Computers and Geotechnics, 2012, 41(4): 95–105.

［9］李伟. 层状地基 WIB 主动隔振分析［D］. 上海：同济大学，2005.

［10］TSAI P H, FENG Z Y, JEN T L. Three–dimensional analysis of the screening effectiveness of hollow pile barriers for foundation–induced vertical vibration［J］. Computers and Geotechnics, 2008, 35(3): 489–499.

［11］田抒平，高盟，王滢，等. Duxseal 隔振性能数值分析与现场试验研究［J］. 岩土力学，2020，41（5）：1770–1780.

［12］高盟，张致松，王崇革，等. 竖向激振力下 WIB–Duxseal 联合隔振试验研究［J］. 岩土力学，2021，42（2）：537–546.

［13］李丹阳，高盟，宋永山，等. 高速铁路填充沟隔振效果的 2.5D 有限元分析［J］. 地震工程与工程振动，2021，41（2）：228–240.

［14］AHMAD S, AL–HUSSAINI T M. Simplified design for vibration screening by open and in–filled trenches［J］. Journal of Geotechnical Engineering, 1991, 117(1): 67–88.

［15］丁洲祥. Gibson 地基模型参数的一种实用确定方法［J］. 岩土工程学报，2013，35（9）：1730–1736.

［16］靳建明，梁仕华. 成层 Gibson 地基中单桩沉降的非线性分析［J］. 岩土力学，2012，33（6）：1857–1863.

WIB（波阻板）对列车移动荷载诱发的地基振动的主动隔振效应

3.1 概　述

为研究 WIB（波阻板）对列车移动荷载诱发的地基振动的主动隔振效应，陈娟采用 2.5 维有限元法讨论了 WIB 对地铁振动的主动隔振性能，分析了 WIB 对地铁振动的隔振机理及适用性；高盟等建立准饱和地基的 2.5 维有限元模型，探究了 WIB 对高速列车荷载诱发的准饱和地基振动的隔振性能，分析了地基饱和度对 WIB 隔振性能的影响。研究进一步证实 WIB 的隔振性能受地基截止频率的制约，仅对低频振动起到隔振效果，而对高频振动隔振效果不明显。

本章首先研究地铁列车荷载作用下基岩层的隔振效果，探明在含隧洞结构、荷载埋置的下覆基岩地基中截止频率是否依然存在，探讨该截止频率与地表荷载作用下均匀下覆基岩地基的截止频率的差别；接着分析波阻板对地铁列车运行引起地表振动的减振效果；然后研究 WIB 对高速列车运行诱发的准饱和地基振动的隔振效应，分析饱和度对 WIB 隔振效应的影响规律。

3.2 地铁列车荷载作用下基岩层隔振效果分析

根据式（1-1），荷载激振频率高于土层截止频率时，地表振动量级与半无限地基一致；激振频率低于该截止频率时，振动仅局限于振源附近一定区域，不向周围传播；激振频率约等于该频率时，出现共振现象，振动大幅放大（图 3.1）。即只有荷载自振频率低于土层截止频率时，基岩层能起到隔振减振的效果。

式（1-1）为土层厚度一定时土体中特征频率的表达式。当固定荷载激振频率时，式（1-1）等价为：

$$H_{e,i}^{n} = \frac{c_i}{4f_0} \cdot (2n-1); \; n = 1, 2, 3, \cdots \tag{3-1}$$

式中，f_0 为荷载激振频率，$H_{e,i}^{n}$ 为当前激振频率下的土层特征厚度，$n=1$ 时为临界土层厚度，其他符号意义同式（1-1）。只有土层厚度小于该临界土层厚度时，基岩层才能起到隔振的效果。

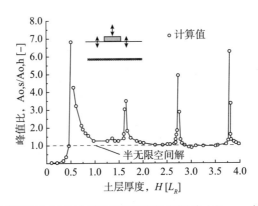

图 3.1　基岩层埋深对地表振动平均峰值比的影响（Chouw 等，1991a）

图 3.1 为 Chouw 等（1991a）的研究结果，全面展示了式（3-1）所示规律，揭示了下覆基岩土体中波的传播规律和截止频率的物理意义。图中横坐标为土层厚度，纵坐标为下覆基岩土层地表振动（Ao，s）和半无限空间地表振动（Ao，h）的峰值比。该峰值取地表一定距离内各点振动峰值的平均，以代表地面振动的整体情况。当该比值小于 1 时，说明下覆基岩土体中产生的地表振动小于半无限空间的地表振动，即基岩层的存在起到了隔振作用；当该比值大于 1 时，说明基岩层的存在放大了半无限地基的地表振动；当该比值为 1 时，基岩层对半无限空间波的传播无影响。

上述规律有重要工程应用价值：只要基岩层深度足够浅，即存在有效的截止频率对人类工作生活产生影响的环境振动（1~80 Hz）有隔振效果。然而，上述研究仅针对地表简谐荷载作用下的均匀地基［图 3.2（a）］；对于地铁来说，动荷载埋置于地下，并且隧洞和隧道衬砌的存在改变了地基的整体性和均匀性［图3.2（b）］，上述规律是否依旧成立有待研究。

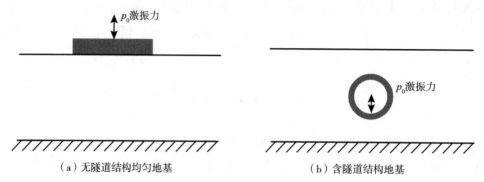

（a）无隧道结构均匀地基　　　　　　　　（b）含隧道结构地基

图3.2　有无隧道结构的两种地基差异示意图

3.2.1　含隧道结构下覆基岩土层的特征频率分析

本节采用2.5D有限元方法验证式（3-1）对含隧道结构下覆基岩土层是否成立，采用式（3-1）的形式更易于实现。因为采用式（3-1）时，需固定荷载自振频率，考察不同基岩埋深的工况；对于有限元方法来说，这意味着每个工况都需重新建立模型、生成网格，且本文又对商业软件生成的网格进行了进一步加工处理，因此工作量较大。而固定基岩层埋深改变荷载自振频率，则不需改变模型和网格，只需改变一个输入数据（荷载自振频率）即可。因此，本节固定基岩埋深，计算不同列车荷载自振频率下地表振动的峰值比，进而验证波在含隧道结构下覆基岩土体中的传播规律，提出基岩埋深对地铁列车运行引起地表振动的影响。

基岩埋深为50 m时，采用图3.2（b）所示模型，计算不同列车荷载激振频率下的地表振动响应。不同激振频率下，地表竖向振动速度平均峰值比见图3.3。

图中纵坐标为下覆基岩土层中地表竖向振动速度峰值平均值$v_{z,s}$与半无限地基中地表竖向振动速度峰值平均值$v_{z,h}$的比，取模型范围内（距地表中心点51 m）所有节点振动速度峰值的平均；峰值比大于1时，说明基岩层起到了放大振动的效果；峰值比小于1说明基岩层起到隔振减振的效果；峰值比等于1，下覆基岩土体与半无限空间地表振动响应相同，基岩层无影响。取模型底部为黏弹性边界代表半无限空间的计算结果。

横坐标表示不同荷载自振频率。为准确描述式（3-1）所示物理现象，数值模拟中计算频率取值遵循以下原则：①荷载自振频率的计算范围包含前5阶特征频率，以预测整个频段内的规律。②式（3-1）表明，除了第 1 阶特征频率（$n=1$），其余各阶段特征频率间隔相等，为 $2 \times (c_p/4H)$；各特征频率之间取 5 个数据点（图中方形数据标志），保证总有点靠近特征频率，也有点恰好位于两特征频率之间。③在②中所取点计算结果的基础上，对出现振动放大现象的频率点之间进行加密，计算所加密频率点（图中圆形数据标志）对应的地表振动，以无限逼近出现共振的特征频率。④③的计算结果表明，当荷载自振频率无限接近于式（3-1）计算的特征频率时，会出现一定程度的振动放大现象，但不会导致计算不收敛；鉴于此，尝试将荷载自振频率恰好取为特征频率值（图中叉号数据标志）。采用上述荷载频率取值方案，克服了数值方法求极限值问题时的盲目性，提高了计算效率。

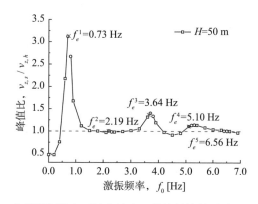

图 3.3　荷载激振频率对地表速度平均峰值比的影响（$H=50\,\text{m}$）

　　总体来看，图 3.3 所示规律与式（3-1）吻合较好：下覆基岩土体中，只有荷载激振频率明显小于地层截止频率（第 1 阶段特征频率）时，基岩层的存在起到隔振减振效果；荷载激振频率接近其他各阶特征频率时，振动出现不同程度的放大现象；除以上两种情况，下覆基岩地基与半无限地基中，地铁列车运行引起的环境振动相同，基岩层不起隔振或振动放大作用。但图 3.3 与式（3-1）在细节上又有区别，其主要表现为：①准确的特征频率在式（3-1）的基础上有轻微向坐标轴右侧移动的趋势，即含隧道结构的土层特征频率比均匀地层略大。②除了第 1 阶特征频率，其他各阶特征频率的共振现象并不明显，仅出现了轻微的振动放大现象，甚至基本观察不到振动放大现象（$n=2$ 和 $n=5$）；为实际地铁运行过程未出现共振现象提供了理论依据。另外，由图 3.4 和式（3-1）可知，当基岩层埋深为 50 m 时，列车荷载激振频率必须小于0.73 Hz 才能发挥基岩的隔振效果；该频率远小于实际列车荷载的频率范围。因此，实际工程中埋深为 50 m 的基岩层隔振效果不明显。

3.2.2 基岩层对地铁引起地面振动的影响分析

图 3.3 可以概括为 4 种典型工况：①地表平均速度峰值比小于 1（荷载激振频率 f_0 小于地层截止频率 f_{cr}）；②地表平均速度峰值比大于 1（荷载激振频率 f_0 接近地层截止频率 f_{cr}）；③地表平均速度峰值比约为 1（荷载激振频率 f_0 大于地层截止频率 f_{cr}，且不接近地层其他各阶特征频率 f_e^n，$n=2,3,4,\cdots$）；④地表平均速度峰值略比大于 1（荷载激振频率 f_0 接近地层 2 阶以上特征频率 f_e^n，$n=2,3,4,\cdots$）。为深入了解基岩层对地铁引起地面振动的影响，以这 4 种典型工况为例，分析地面竖向振动速度峰值在地表的分布，见图 3.4。图中虚实数据标志分别代表两种地层情况，即下覆基岩土层（soil layer overlying bedrock）与无基岩半空间（half-space without bedrock）。

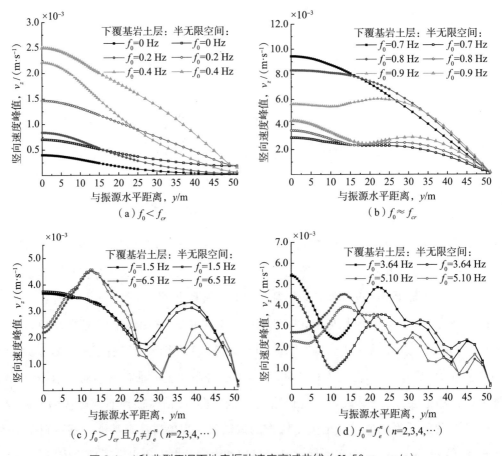

图 3.4　4 种典型工况下地表振动速度衰减曲线（$H=50\,\mathrm{m}$，m/s）

由图 3.4 可知，荷载自振频率小于地层截止频率时 [$f_0 < f_{cr}$，图 3.4（a）]，基岩层的存在明显减小了地表各点的振动；当荷载自振频率接近地层截止频率时 [$f_0 \approx f_{cr}$，

图 3.4（b）］，含基岩层的地表振动均大于半无限地基中的振动，即基岩层放大了地表各点的振动；荷载激振频率大于地层截止频率且不接近地层其他各阶特征频率时 $[f_0 > f_{cr}$ 且 $f_0 \neq f_e^n$（$n = 2, 3, 4, \cdots$），图 3.4（c）］，两种情况下地表振动速度峰值衰减曲线均十分接近；荷载自振频率接近地层的 2 阶以上特征频率时，下覆基岩土体与半无限地基中地表平均速度峰值比略大于 1，图 3.4（d）给出了 2 种极端情况（f_0 分别等于第 3 阶和第 4 阶土层特征频率）的地表振动速度衰减曲线；图中可见，基岩层的存在导致离地表中心点约 30 m 范围内的地表振动出现振动放大现象，在此距离之后出现一定的振动减小，之后趋于相同；这说明当荷载自振频率接近地层 2 阶以上自振频率时，基岩层对地表振动影响在地表不同位置处表现不同，总体出现一定的振动放大现象。

为定量评价基岩层的影响，图 3.5 给出各工况对应速度振级，并计算了两类地层中地表速度振级之差 $v_{z,s} - v_{z,h}$（图 3.6）。速度振级的计算公式为：

$$v_z[\text{dB}] = 20\lg\left(v_z / v_{ref}\right) \tag{3-2}$$

式中，v_z 表示直接计算的标准单位速度值，v_{ref} 是基准速度，本文取为 10^{-8} m/s。

图 3.5 中两类土层模型地表振动相对大小与图 3.4 中相同，但两者纵坐标的数值不同，图 3.5 的表示方式缩小了近处速度峰值较大时各工况的差异，放大了远处速度峰值接近 0 时各工况的差异；图 3.6 中水平虚线上方为振动放大的工况，下方为振动减小的工况。

由图 3.5 和图 3.6 可知，荷载自振频率小于地层截止频率时［图 3.5（a）或图 3.6（a）中空心数据标志点］，荷载自振频率越小，基岩层的减振效果越好；荷载自振频率为 0 Hz 时，基岩层隔振效果最好，地表中心点处振动速度峰值减小约 5 dB，较远处高达 25 dB。荷载自振频率接近地层截止频率［图 3.5（b）与图 3.6（a）中实心数据标志点］时，荷载自振频与地层截止频率越接近振动放大越明显；荷载自振频率 $f_0 = 0.7$ Hz 时，地表振动放大幅值约为 10 dB，出现在地表中心点处，远处振动放大现象不如近处明显。荷载激振频率大于地层截止频率且不接近地层其他各阶特征频率时［图 3.5（c）和图 3.6（b）空心数据点］，两种地层地表振动差值在距地表中心较近处接近 0，而远处略大，但均小于 2 dB。荷载激振频率接近地层 2 阶以上特征频率时［图 3.5（d）和图 3.6（b）实心数据点］，基岩层在部分区域放大地表振动，部分区域起到隔振减振作用，如荷载激振频率 $f_0 = 3.64$ Hz 时，距地表中心点约

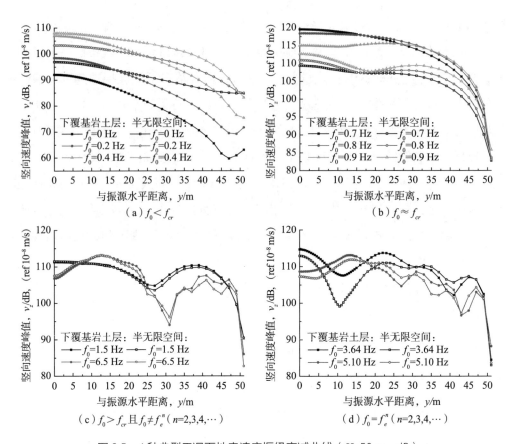

图 3.5　4 种典型工况下地表速度振级衰减曲线（H=50 m，dB）

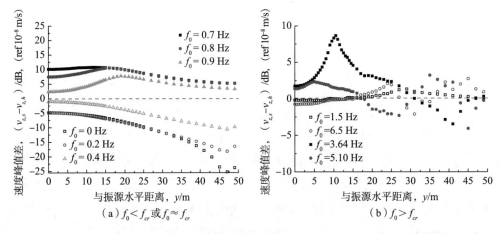

图 3.6　地表速度峰值差随位置的变化（H=50 m，dB）

10 m 处振动放大近 10 dB，而 40 m 处减小约 5 dB。

　　综上，①地铁列车运行引起的下覆基岩土体中振动的传播依然存在特征频率，且可按均匀土层特征频率预测公式（式 3-1）估算该频率值，但含隧道结构下覆基岩土体的准确特征频率比式（3-1）计算结果略大。②当地铁列车荷载自振频率接近土层截止频率时，基岩层对地表振动有明显的振动放大现象；荷载自振频率大于土层截止频率时，基岩层对地表振动无明显影响，仅在其接近土层 2 阶以上截止频率时出现轻微振动放大。③只有当荷载自振频率小于地层截止频率 $f_{cr} = f_e^1 = c_p/4H$ 时，基岩层可起到明显的隔振效果；当基岩层深度为 50 m 时，当前土层截止频率为 0.73 Hz，但该值远小于实际地铁列车荷载主频范围。

综上所述，当荷载自振频率小于地层截止频率时，基岩层可起到明显的隔振效果。但通常地基中并不存在刚性基岩层，或天然基岩埋深较大不具有隔振效果，因此需进一步研究人工设置波阻板的隔振效果。

3.3　地铁列车荷载作用下矩形波阻板隔振效果分析

基于 3.1 节的理论基础，本节进一步分析更具工程实用价值的波阻板（图 3.7）对地铁环境振动的隔振效果。在荷载—隧道—地基模型的基础上，耦合波阻板结构，建立了地铁荷载—隧道—波阻板—地基 2.5 维有限元模型，首先分析传统矩形波阻板的隔振效果。

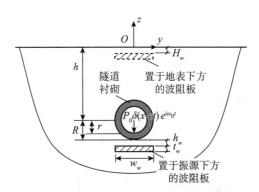

图 3.7　半无限地基中地铁隧道波阻板模型

注：$P_0\delta(x-ct)e^{i\omega_0 t}$ 为列车荷载，h 为隧道埋深，R 为隧道外径，r 为隧道内径，t_w 和 w_w 分别为波阻板厚度和宽度，H_w 和 h_w 分别为波阻板距离地面和振源的距离

上节分析表明，波阻板埋深是影响其隔振效果的一个重要因素。另外，波阻板隔振机理根本上是通过设置有限尺寸的人工基岩来模拟无限刚性基岩层的作用。换言之，刚性基岩是尺寸无限大、材料刚度接近无穷的波阻板。说明波阻板的尺寸和材料性质都将直接影响两者近似程度，进而影响其隔振效果。因此，本节将分别考虑波阻板埋

深、材料参数以及尺寸参数各因素的影响。

3.3.1 埋深和材料参数对波阻板隔振效果的影响

上节分析表明，地铁列车荷载作用下基岩层隔振效果取决于含隧道结构的土层的特征频率，隧洞的存在对截止频率的影响较小，可按式（3-1）估算含隧道结构土层的特征频率，式中 H 为基岩与地表间距。但波阻板几何尺寸远小于无限刚性基岩，隧洞结构的影响不可忽略。此时，能否用式（3-1）解释地铁列车荷载作用下波阻板隔振机理需有待研究，且需明确式（3-1）中 H 为波阻板与地表间距 H_w 还是与隧道衬砌底端（振源）间距 h_w（图 3.7）。鉴于此，设置 4 种对比工况展开研究，如图 3.8 所示。

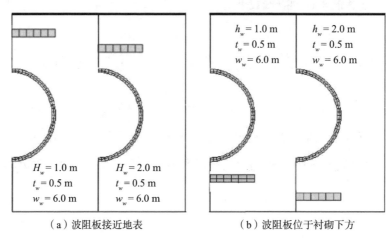

（a）波阻板接近地表　　　　　（b）波阻板位于衬砌下方

图 3.8　半无限地基中波阻板与隧道衬砌相对位置示意图

图 3.8（a）中，波阻板设置在隧道正上方接近地表的位置，分别位于地表下方 H_w=1.0 m 和 2.0 m 处；图 3.8（b）中波阻板设置在隧道衬砌下方 1.0 m 和 2.0 m 处。波阻板厚度 t_w 和宽度 w_w 在这 4 种工况中固定为 0.5 m 和 6.0 m，分别为隧道衬砌厚度 2 倍和隧道衬砌外径的 1 倍。对上述 4 种工况均考虑 2 种不同的波阻板材料，本文取土木工程领域最常采用的两种材料：混凝土波阻板（简记为，C–WIB）和钢质波阻板（简记为，S–WIB），波阻板材料参数见表 3.1。

表 3.1　波阻板材料参数

类别	弹性模量 E_w/ Pa	泊松比 μ_w	阻尼系数 β_w	密度 ρ_w/（kg·m⁻³）
C–WIB	2.50×10^{10}	0.20	0.02	2400
S–WIB	2.06×10^{11}	0.31	0.01	7850

与第 4 章相同，地铁列车荷载取 4 个代表性自振频率 $f_0=0$ Hz，$f_0=5$ Hz，$f_0= 20$ Hz 和 $f_0=60$ Hz。在上述自振频率的荷载作用下，不同位置和材料属性的波阻板隔振效果见图 3.9、图 3.10。图中黑色实线表示不含波阻板的地表振动情况；红色和蓝色曲线分别表示波阻板位于接近地表的位置和位于隧道衬砌下方，虚线和实线分别代表埋深为 1.0 m 和 2.0 m；图中标注了波阻板宽度对应的坐标值为 $y_w=w_w/2=3.0$ m。

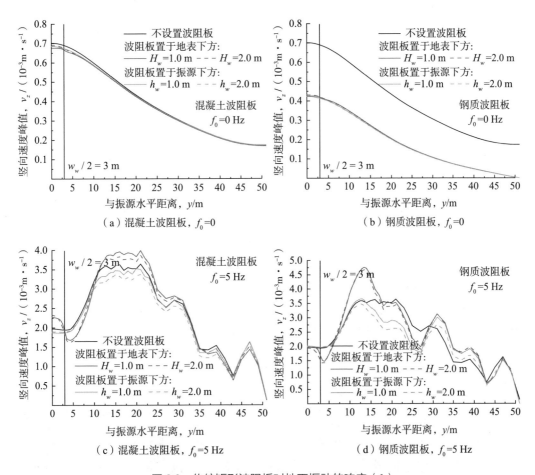

（a）混凝土波阻板，$f_0=0$

（b）钢质波阻板，$f_0=0$

（c）混凝土波阻板，$f_0=5$ Hz

（d）钢质波阻板，$f_0=5$ Hz

图 3.9　传统矩形波阻板对地面振动的响应（1）

由图可知，设置在接近地表位置处与隧道衬砌下方的波阻板隔振效果完全不同。接近地表的波阻板（图中红线）主要表现为远场被动隔振的特性：波阻板影响范围仅局限于其正上方有限宽度的地表区域，超出一定距离后波阻板对地表振动无影响。荷载自振频率为 $f_0=60$ Hz 时，远场波阻板隔振效果表现为波阻板正上方（$y<3.0$ m）的地表振动明显减小，波阻板宽度范围以外无隔振效果；荷载自振频率为 $f_0=20$ Hz 时，距地面中心点 3~6 m 处振动明显减小，6~10 m 处地面振动放大，10 m 以后波阻板无影响；

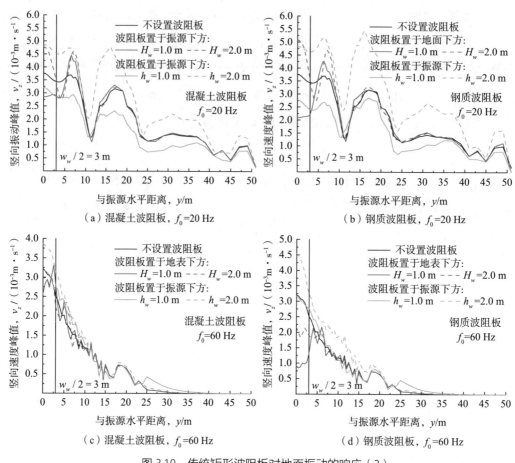

图 3.10　传统矩形波阻板对地面振动的响应（2）

荷载自振频率为 f_0=5 Hz 时，波阻板引起距地面中心点 3~7 m 地面振动明显减小，30 m 以后无影响。以上各种工况，钢质波阻板隔振效果总体比混凝土波阻板好。

位于隧道衬砌下方的波阻板（图中灰线）主要表现为近场主动隔振特性：波阻板的影响范围较大，模型计算范围内（y<50 m）均观察到其影响。当荷载自振频率为 0 Hz 时，接近地表和隧道衬砌下方的波阻板均属于近场隔振，波阻板位置和埋深对隔振效果无明显影响；波阻板材料对隔振效果的影响较大，混凝土波阻板未表现出明显的隔振特性，而钢质波阻板起到了较好的隔振效果，各点速度峰值降低接近 50%。荷载自振频率为 5 Hz 时，两种材质的波阻板地面振动速度峰值均有小幅降低，两种埋深隔振效果未见明显差异。荷载自振频率为 20 Hz 和 60 Hz 时，地表振动出现明显振动放大的现象，且波阻板埋深对隔振效果产生明显影响。波阻板埋深 h_w=2.0 m 时，两种自振频率（f_0=20 Hz 和 f_0=60 Hz）的地铁列车荷载均引起地表振动的明显放大；而波阻板埋深 h_w=1.0 m 时，荷载自振频率为 20 Hz 时地表振动明显减小，荷载自振频率为 60 Hz

时无明显变化。

结合 3.1 节的结论，尝试用式（3-1）对上述现象进行解释。上述现象说明，波阻板埋深 h_w=1.0 m 时，含隧道衬砌—波阻板的半无限空间地层截止频率为 20~60 Hz；波阻板埋深 h_w=2.0 m 时，截止频率为 5~20 Hz。取式（3-1）中 H 为 h_w，当 h_w=1.0 m 时计算得出截止频率为 f_{cr1}=36.45 Hz，而 h_w=2.0 m 时计算得出截止频率为 f_{cr2}=18.23 Hz。初步证明了可以用式（3-1）f_{cr}=$c_p/4h_w$ 解释波阻板近场主动隔振机理，式中 h_w 为波阻板与振源的间距。当荷载自振频率小于截止频率时，波阻板明显减小地面振动；荷载自振频率大于该截止频率时，会出现振动放大的现象。

综上，①接近地表的波阻板主要表现为远场被动隔振特性，设置在隧道衬砌下方的波阻板主要表现为近场主动隔振特性，荷载自振频率为 0 Hz 时，两个位置的波阻板均属于近场主动隔振的范畴。②波阻板远场被动隔振和近场主动隔振表现形式不同：近场主动隔振影响范围较大，模型计算范围内（y<50 m）均观察到其影响，远场被动隔振仅影响波阻板正上方有限宽度的地表区域；远场隔振对波阻板与地表间距 H_w 的变化不敏感，而近场波阻板与振源间距 h_w 是决定其隔振效果的关键因素。③无论波阻板远场隔振还是近场隔振，波阻板材料参数都对隔振效果有显著影响，钢质波阻板隔振效果远好于混凝土波阻板。④波阻板近场主动隔振机理可以用式（3-1）f_{cr}=$c_p/4h_w$ 解释，其中 h_w 为波阻板与衬砌底部间距。即位于衬砌下方 h_w 处的波阻板只能对自振频率小于 $c_p/4h_w$ 的激振有隔振效果；或者，对于给定自振频率 f_0 的荷载，只有当波阻板与衬砌底部间距 h_w<（$c_p/4f_0$）时，才能起到明显的隔振效果。

3.3.2　波阻板尺寸对近场主动隔振效果的影响

由上述分析可知，波阻板远场隔振效果受波阻板尺寸的影响显著，波阻板宽度越大，有效隔振区域越大。对波阻板近场主动隔振，只有当波阻板与衬砌底间距 h_w<（$c_p/4f_0$）时，才具有明显的隔振效果。在波阻板埋深满足上述要求的前提下，本节探讨增大波阻板尺寸能否取得更好的隔振效果。

在 3.2.1 节中，荷载自振频率 f_0=20 Hz、波阻板埋深 h_w=1 m 时，波阻板主动隔振取得了较好的效果。基于该工况，本节分别增大波阻板厚度和宽度至 t_w=1.0 m 和 w_w=10.0 m（图 3.11），分析波阻板尺寸对其主动隔振

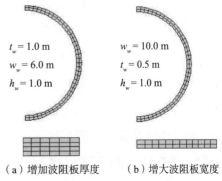

t_w = 1.0 m
w_w = 6.0 m
h_w = 1.0 m

w_w = 10.0 m
t_w = 0.5 m
h_w = 1.0 m

（a）增加波阻板厚度　　（b）增大波阻板宽度

图 3.11　波阻板尺寸对主动隔振效果的影响

效果的影响。两种新增加工况的地表竖向振动速度峰值衰减曲线见图 3.12。

由图 3.12 可知，尽管图中各工况波阻板均起到了隔振效果，但是当波阻板厚度达 2 倍衬砌厚度且宽度达 1 倍衬砌直径 $[t_w=2*(R-r)，w_w=R]$ 时，再增大波阻板宽度和厚度对提高隔振效果的作用不大，甚至波阻板厚度的增大导致距地表中心点一定距离处隔振效果减弱。图中也给出了未增大尺寸钢质波阻板的隔振效果，可见，钢质波阻板相比混凝土波阻板明显减小了近地表中心点处的振动，但同时也增大距地表中心点 10~20 m 处的振动；尽管如此，小尺寸钢质波阻板使地表振动的最大值显著减小，依然取得了比大尺寸混凝土波阻板更好的隔振效果。鉴于此，对于波阻板主动隔振，波阻板尺寸对隔振效果的影响不如其埋深重要；即控制波阻板近场主动隔振效果的关键因素是波阻板与衬砌底间距 h_w，其次是材料性质，尺寸参数的影响最小。

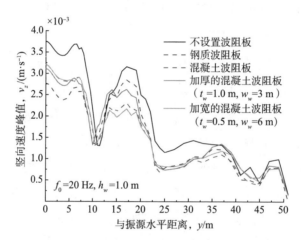

图 3.12　波阻板材料和尺寸参数对地表振动的影响（f_0=20 Hz，h_w=1.0 m）

3.4　WIB（波阻板）对高速列车运行诱发的准饱和地基振动的隔振效应

在工程实践中，由于地下水位开挖、渗水和地下水补给，地基多为孔隙中含有少量气泡的准饱和土（$95\% \leqslant S_r \leqslant 99\%$，$S_r$ 为饱和度）。Richart 发现饱和度对准饱和土中波的传播有重要影响，为此，高盟课题组采用 2.5 维有限元法研究了 WIB 对高速列车运行诱发的准饱和地基振动的隔振效应，探讨了饱和度对 WIB 隔振效应的影响规律。

3.4.1　2.5 维有限元计算模型

图 3.13 为列车—轨道—准饱和地基—WIB 有限元模型。轨道为铺设在地基上的

Euler 梁，宽度 B 取为 3 m，模型底部及四周边界采用人工黏弹性边界。假定垂直轨道方向截面连续，且每个截面上土体及结构材料特性相同。其中，轨道中心设置为坐标原点。2.5 维有限元模型长为 100 m，高为 20 m，共划分为 1610 个单元、1704 个节点，其中轨道中心位置网格划分进行加密，其余部分适当加粗。

为分析准饱和地基饱和度变化及 WIB 参数对其隔振效果影响，以秦沈客运专线工程实例进行算例分析。列车参数取国产"先锋号"的有关数据，拖车长为 25.5 m，共 2 辆；动车长为 26.6 m，共 4 辆，其中两辆动车和一辆拖车构成一个单元，列车总长 158.4 m，共 12 个轮对，列车平均轴重 12674.46 kg。轨道弯曲刚度 EI=13.254 MN·m^2，1 m 的重量 m=540 kg。WIB 埋深 k 为 1 m，宽度 e 为 6 m，厚度 t 为 1 m，弹性模量 E 为 33000 MPa。其余准饱和土体参数及 WIB 参数见表 3.2。

为对 WIB 隔振效果进行评价，采用振幅衰减系数 A_R 作为隔振效果分析重要指标。

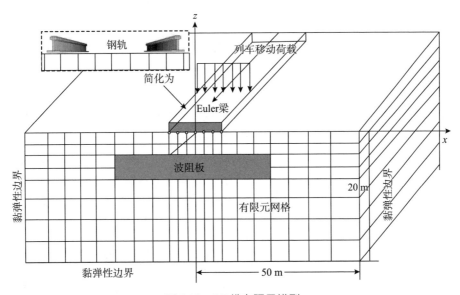

图 3.13 2.5 维有限元模型

表 3.2 准饱和地基及 WIB 计算参数

参数	土骨架密度 /（kg·m^{-3}）	孔隙流体密度 /（kg·m^{-3}）	剪切波速 /（m·s^{-1}）	材料阻尼	泊松比	土体剪切模量 / Pa
数值	1850	1000	100	0.05	0.47	1.4505×10^7

参数	动力渗透系数 /（m·s^{-1}）	孔隙率	混凝土密度 /（kg·m^{-3}）	混凝土剪切波速 /（m·s^{-1}）	混凝土阻尼系数	混凝土泊松比
数值	1×10^{-7}	0.47	2500	2375	0.08	0.17

3.4.2 饱和度对 x 方向位移振幅衰减系数影响

列车速度是影响地基振动的重要因素，因此计算中选择 3 种列车速度：低速 30 m/s、基本运行速度 70 m/s、高速运行速度 300 m/s，探究 WIB 对地基振动的隔振效应，并结合地基土剪切波速 100 m/s，考虑产生共振的列车临界速度 105 m/s 进行分析。根据工程中对准饱和土（饱和度≥95%）的定义，分析饱和度为 95%、96%、97%、98%、99%、100% 时不同列车速度下准饱和地基中 WIB 隔振效果。其中，饱和度为 100% 时为饱和地基。

图 3.14 为准饱和地基中不同饱和度变化对 WIB 隔振系数 A_X 的影响。当列车速度为 30 m/s、70 m/s、300 m/s 时，随饱和度减小，波阻板隔振系数明显增大。列车速度为 30 m/s、70 m/s 时甚至出现 A_X 大于 1 的情况，说明此时加入波阻板，对地面 x 方向位移幅值有增大影响，在工程设计中应加以考虑。列车速度为 30 m/s，距离轨道中心 12 m 处，饱和度为 95% 与 100% 时 A_X 相差 1.75 倍，意味着将准饱和地基作为饱和地

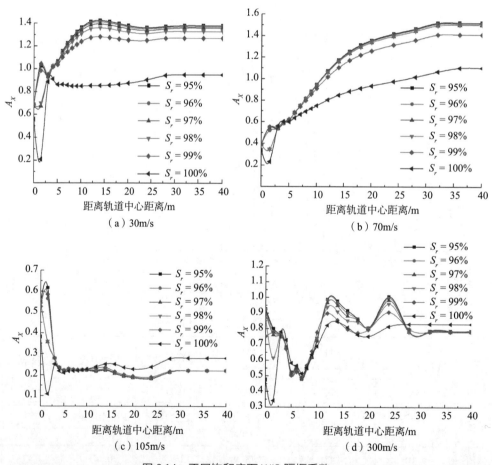

（a）30m/s

（b）70m/s

（c）105m/s

（d）300m/s

图 3.14　不同饱和度下 WIB 隔振系数 A_X

基进行计算时，将带来 75% 的误差。这与准饱和地基饱和度下降使高铁移动荷载产生的地面振动位移增大的现象一致。

对于不同速度的列车荷载，随着列车速度增加，波阻板隔振性能越好，地基饱和度对波阻板隔振性能影响减小。波阻板的隔振原理可以表述为在软土地基中插入刚性基础后，振动波通过软土地基与波阻板的分界面时只有高于受约束的剪切频率才能在上部传播，即波阻板存在截止频率。

高速的高铁列车产生振动加速度增大，在截止频率以下的振动加速度增大，使波阻板隔振效果增强。波阻板对高速运行的高铁列车将有更好的隔振效果。当列车速度为 105 m/s 时，波阻板隔振性能最好，说明此时不仅波阻板的截止频率起到作用，波阻板与地基形成复合地基，通过增大地基剪切波速还减小了高铁移动荷载与地基的共振作用。

3.4.3　饱和度对 z 方向位移振幅衰减系数影响

对于准饱和地基中波阻板对 z 方向位移振幅衰减系数的影响，饱和度减小，波阻板隔振性能增强，如图 3.15 所示。从波阻板隔振机理的角度进行解释，波阻板具有良好隔振性能主要是由于其对波的反射、散射作用，并且定义了波阻抗比 α 研究隔振材料的隔振性能，见式（1–3）。

在波阻板波阻抗不变的情况下，准饱和地基由于气体的存在使高铁列车移动荷载产生的地基中横向波速增大、纵向波速减小，从而导致了准饱和地基饱和度减小使波阻板横向位移振幅衰减系数增大、竖向位移振幅衰减系数减小的复杂变化。观察图 3.15 可知，当距离轨道中心距离小于 3 m 时，饱和度变化对 z 方向波阻板隔振性能影响较小。此时，在波阻板宽度范围内，列车移动荷载产生的竖向位移振幅的减小主要由波阻板的反射作用控制，研究表明，准饱和地基饱和度对波阻板反射作用影响不明显。地面振动响应位置超过波阻板宽度后，波阻板对 z 方向位移衰减效果随地基饱和度减小而增强。当饱和度为 95% 时，隔振性能最好；从饱和地基减小至饱和度 99% 时波阻板隔振性能的增加远大于饱和度从 99% 减小至 95%，这与王滢等的研究结果一致。

3.4.4　准饱和地基 WIB 隔振频带研究

以 70 m/s 速度运行的高铁列车为研究对象，研究不同饱和度变化对 WIB 隔振频带的影响。图 3.16 至图 3.19 分别为距离轨道中心 0 m、5 m、10 m、20 m（x=0 m，x=5 m，x=10 m，x=20 m），饱和度为 95%，100% 无 WIB 及有 WIB 地基地面振动的频谱曲线，以此分析 WIB 隔振后地面振动的频率分布。由图 3.16 可知，WIB 对 0~35 Hz 频率有明显隔振效果，加速度值衰减明显。对比图 3.16 至图 3.19 中（a）、（b）不同

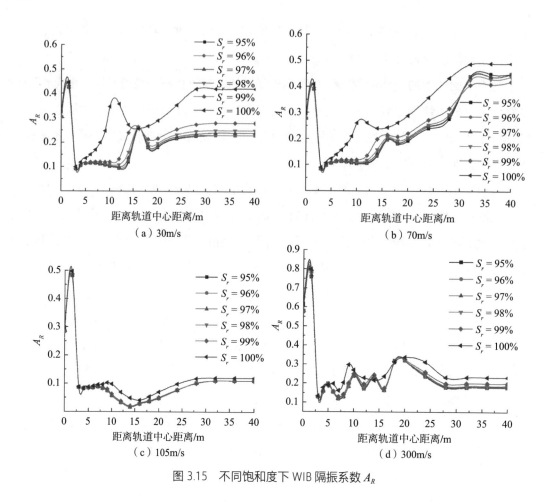

图 3.15　不同饱和度下 WIB 隔振系数 A_R

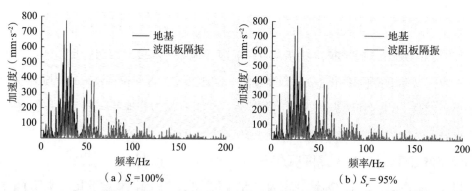

图 3.16　x=0 m 处 WIB 隔振频谱曲线

饱和度的 WIB 隔振地基，对于无 WIB 的地基，饱和度减小，加速度呈现增大现象，而加入 WIB 后饱和度减小对隔振频率加速度有一定减小作用，这与上文结论一致。但 WIB 隔振后残余频带却随饱和度减小而增大，如图 3.17 所示，饱和度为 100% 时

WIB 隔振后频带为 0~11 Hz，饱和度为 95% 时 WIB 隔振后频带为 0~13 Hz。图 3.18、图 3.19 显示 WIB 虽对低频隔振效果较好，但隔振后仍残留较多 2~4 Hz 频率。

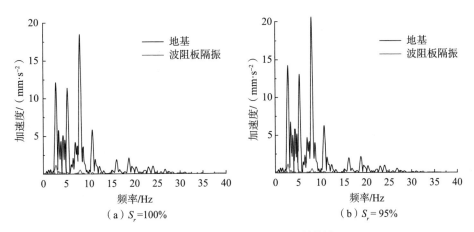

图 3.17　x=5 m 处 WIB 隔振频谱曲线

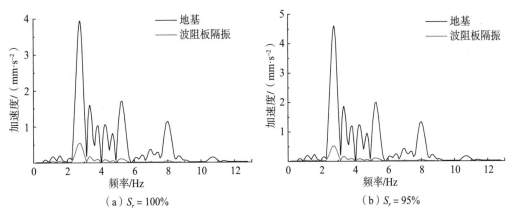

图 3.18　x=10 m 处 WIB 隔振频谱曲线

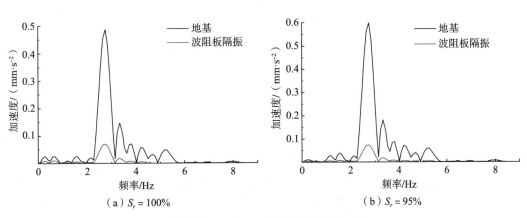

图 3.19　x=20 m 处 WIB 隔振频谱曲线

主要参考文献

［1］CHEN J, GENG J L, GAO G Y et al. Mitigation of subway-induced low-frequency vibrations using a wave impeding block［J］. Transportation Geotechnics, 2022, 37(11): 100862.

［2］谢伟平，高俊涛，毛云. WIB 用于地铁引发低频振动的减振分析［J］. 华中科技大学学报（城市科学版），2009，26（2）：1-4.

［3］CHOUW N, LE R, SCHMID G. An approach to reduce foundation vibrations and soil waves using dynamic transmitting behavior of a soil layer［J］. Bauingenieur, 1991, 66(1): 215-221.

［4］CHOUW N, LE R, SCHMID G. Propagation of vibration in a soil layer over bedrock［J］. Engineering Analysis with Boundary Elements, 1991, 8(3): 125-131.

［5］高广运，王非，陈功奇，等. 轨道交通荷载下饱和地基中波阻板主动隔振研究［J］. 振动工程学报，2014，27（3）：433-440.

［6］SCHMID G, CHOUW N, LE R. Shielding of structures from soil vibrations［J］. International Journal of Rock Mechanics and Mining Sciences & Geomechanics Abstracts, 1993, 30(4): 651-662.

［7］WOLF J P. Soil-structure-interaction analysis in time domain［J］. Nuclear engineering and design, 1989, 111(3): 381-393.

［8］宋永山，高盟，陈青生. 列车荷载作用下准饱和地基波阻板隔振特性研究［J］. 地震工程与工程振动，2022，42（2）：252-263.

［9］王滢，高广运. 准饱和土中圆柱形衬砌的瞬态动力响应分析［J］. 岩土力学，2015，36（12）：3400-3409.

［10］雷晓燕. 轨道力学与工程新方法［M］. 北京：中国铁道出版社，2002.

［11］WOODS R D. Screening of surface waves in soils［J］. Journal of the Soil Mechanics and Foundations Division, 1968, 94(4): 951-959.

第4章

Duxseal-WIB
（复合波阻板）的隔振性能

4.1 概　述

由 Duxseal 的隔振性能及与 WIB 隔振性能的差异可知，Duxseal 与 WIB 均表现出振幅衰减系数变化曲线的不规则性。地表水平和竖向位移振幅衰减系数随距离变化曲线具有互补性。即 WIB 隔振地表位移振幅衰减系数较大处，Duxseal 隔振地表位移振幅衰减系数较小。与之相反，Duxseal 隔振地表位移振幅衰减系数较大处，WIB 隔振地表位移振幅衰减系数较小。考虑到 Duxseal 与 WIB 在隔振性能上的互补性，高盟课题组提出了一种多孔 WIB 填充 Duxseal 的新型屏障，即 Duxseal-WIB 复合屏障，简写为 DXWIB。

本章介绍 DXWIB 在竖向简谐激励下的隔振性能及 DXWIB 与波阻板（WIB）、蜂窝状波阻板（HWIB）在隔振性能上的差异，DXWIB 对地铁振动的隔振效应，矩形管波阻板（RHWIB）对高铁振动的隔振效应。

4.2 竖向简谐激励下 DXWIB 隔振性能

为验证 DXWIB 的隔振效应及对比分析 DXWIB、HWIB 和 WIB 三者在隔振性能上的差异，高盟课题组设计了 8 组现场试验，见表 4.1 及表 4.2。试验场地位于青岛市的滨海丘陵区，地貌类型为海岸沉积地貌。依据地层钻孔揭露情况，场区地层自上而下分布有素填土、粉土、粉质黏土、强风化花岗岩、风化花岗岩、弱风化花岗岩。地基土体的物理力学性质指标见表 4.3。

表 4.1 1~4 组现场试验方案设计

试验编号	埋深 / m	预制品厚度 / m	激振压强 / MPa	激振频率 / Hz
1	0.5	0.20	0.30	50
	1.0	0.20	0.30	50
	2.0	0.20	0.30	50
2	0.5	0.20	0.35	50
	0.5	0.30	0.35	50
	0.5	0.40	0.35	50
3	1.0	0.30	0.25	50
	1.0	0.30	0.30	50
	1.0	0.30	0.35	50
	1.0	0.30	0.40	50
4	1.0	0.30	0.30	5
	1.0	0.30	0.30	10
	1.0	0.30	0.30	20
	1.0	0.30	0.30	40
	1.0	0.30	0.30	70

表 4.2 5~8 组现场试验方案设计

试验编号	隔振屏障	尺寸 / mm	孔半径 / mm	埋深 / mm	激振压强 / Pa	激振频率 / Hz
5	—	—	—	—	3.5×10^5	50
6	WIB	$1000 \times 1000 \times 200$	—	800	3.5×10^5	50
7	HWIB	$1000 \times 1000 \times 200$	35	800	3.5×10^5	50
8	DXWIB	$1000 \times 1000 \times 200$	35	800	3.5×10^5	50

表 4.3 地基的物理力学参数

土层	土质类别	厚度 / m	密度 / (kg · m^{-3})	杨氏模量 / MPa	泊松比
1	素填土	2.50	1750	20	0.32
2	淤泥	3.80	1890	28	0.31
3	粉质黏土	3.70	1960	33	0.27

续表

土层	土质类别	厚度 / m	密度 / (kg · m⁻³)	杨氏模量 / MPa	泊松比
4	强风化花岗岩	3.20	2330	85	0.25
5	中风化花岗岩	4.90	2450	6000	0.24
6	弱风化花岗岩	7.40	2580	22000	0.20

竖向激振荷载作用在动力基础表面中心处，在地表下方埋置隔振屏障，对监测点进行振动数据采集。激振器最大激振力为 200 N，频率范围为 DC~2 kHz；功率放大器的工作频率为 10 Hz~10 kHz，信噪比大于 80 dB；信号源 KD5602B 上下限频率可设定，频率范围 10 Hz~20 kHz。测振仪器具有 24 bit 的高精度，动态范围高达 100 dB，可直接测量 3 个方向的振动信号，采样速率为 10000 S/s，频响为 5~300 Hz。其中，动力基础由 C25 混凝土制成，几何尺寸为长 × 宽 × 高 = 400 mm × 400 mm × 200 mm。WIB 的密度为 2360 kg/m³，杨氏模量为 18316.8 MPa，泊松比为 0.20，阻尼比为 0.46，HWIB 由 C30 混凝土制成，长 × 宽 =1000 mm × 1000 mm，孔洞直径为 70 mm，Duxseal 材料均匀地填充所有孔洞。图 4.1 为 DXWIB 试验模型，图 4.2 为试验现场布置。

图 4.1　DXWIB 试验模型

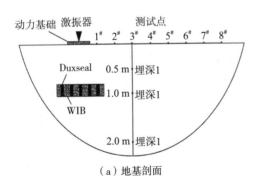

（a）地基剖面

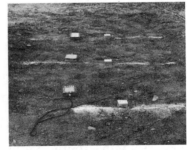

（b）实测点布置

图 4.2　试验现场地基剖面与实测点布置

4.2.1　隔振性能评价指标

为了量化振动水平，依据高盟等提出的方法，根据式（4-1）和式（4-2）对振动速度均值、加速度均值，以及位移均值进行计算。

$$X(k) = \sum_{n=0}^{N-1} x(n) \mathrm{e}^{-j(2n/N)nk} \tag{4-1}$$

$$A_{\mathrm{kms}} = \frac{\sqrt{2}}{N} X(k) \tag{4-2}$$

式中，N 为采样点总数；$x(n)$ 为第 N 个采样点的速度；A_{kms} 为频率域内速度的均值。同理得到加速度均值设为 B_{kms}，位移均值设为 C_{kms}。

对于隔振效果的评价，采用振幅衰减系数 A_R 来衡量，其定义见式（2-1）；以平均振幅衰减系数衡量 3 种屏障在测振范围内的平均振动隔振效果，其定义见式（2-2）。

为简便计算，水平加速度幅值、垂直加速度幅值、水平加速度均值和垂直加速度均值分别为 a_h、a_v、$\bar{a}_h$、$\bar{a}_v$（单位为 m/s²）。水平位移振幅、垂直位移振幅、水平位移均值和垂直位移均值分别为 s_h、s_v、$\bar{s}_h$、$\bar{s}_v$（单位为 m）。为了更直观、清晰地分析变量，将激振力转化为面积力进行讨论。

4.2.2 隔振性能差异分析

在动力基础下，分别设置相同尺寸的 WIB、HWIB 和 DXWIB 屏障进行隔振试验。隔振屏障表面距基础表面的深度为 800 mm。图 4.3 为当 WIB、HWIB 和 DXWIB 屏障埋置于地表下方时，地表 X、Y 和 Z 方向的加速度平均振幅衰减系数随距离变化曲线。

从图 4.3 中可以看出，在竖向激振荷载作用下，对于 X 方向，距离振源中心 1~8 m 范围内的 WIB、HWIB 和 DXWIB 的地表加速度平均振幅衰减系数（$\bar{A}_R$）分别为 0.628、0.584 和 0.470。同样，Y 方向的加速度平均振幅衰减系数（$\bar{A}_R$）分别为 0.623、0.594 和 0.457，而 Z 方向的加速度平均振幅衰减系数（$\bar{A}_R$）分别为 0.558、0.536 和 0.304。通过对比发现，DXWIB 比 WIB、HWIB 隔振屏障的隔振效果更好。三道屏障对地表 Z 方向加速度的隔振效果明显优于 X 方向和 Y 方向。此外，与 WIB、HWIB 相比，DXWIB 的隔振效果随距离的波动较小。当 DXWIB 埋置于基础下时，地表加速度振幅的最大隔振效率（$1 - \bar{A}_R$）为 81.2%（$\bar{A}_R = 0.188$）。

图 4.4 为当 WIB、HWIB 和 DXWIB 屏障埋置于地表下方时，地表 X、Y 和 Z 方向的位移平均振幅衰减系数（$\bar{A}_R$）随距离的变化曲线。从图 4.4 中可以知，在竖向激振荷载作用下，当 WIB、HWIB 和 DXWIB 屏障埋置深度距振源中心 1~8 m 范围内进行隔振时，地表 X 方向的位移平均振幅衰减系数（$\bar{A}_R$）分别为 0.610、0.581 和 0.432。对于 Y 方向，位移平均振幅衰减系数（$\bar{A}_R$）分别为 0.642、0.610 和 0.475。同样，对于 Z 方向，位移平均振幅衰减系数（$\bar{A}_R$）分别为 0.589、0.563 和 0.342。此外，在 WIB 和

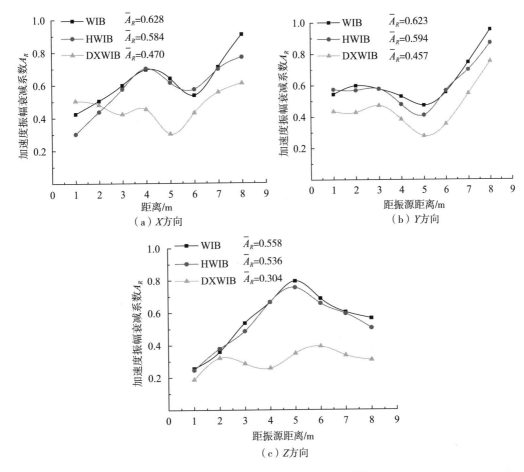

图 4.3 　地表加速度 A_R 随距离的变化曲线

HWIB 中存在振动放大现象（A_R>1）。从位移分析结果来看，与 WIB、HWIB 两种屏障相比，DXWIB 具有更好、更稳定的隔振效果。对 WIB、HWIB、DXWIB 3 种屏障的比较中，无论是位移的振幅衰减还是加速度振幅衰减方面，DXWIB 的隔振效果都优于 WIB、HWIB。此外，DXWIB 在近场（0~4 m）的隔振性能高于远场（4~8 m）。

4.2.3 　隔振性能影响因素

1）埋深的影响

设计 DXWIB 屏障顶面距地表埋深分别为 0.5 m、1.0 m、2.0 m，分析埋深对屏障隔振效果的影响。选取距离振源中心 1 m 处的监测点进行分析，图 4.5 至图 4.7 分别为地基中 DXWIB 埋深为 0.5 m、1.0 m、2.0 m 时地表振动加速度时程曲线。

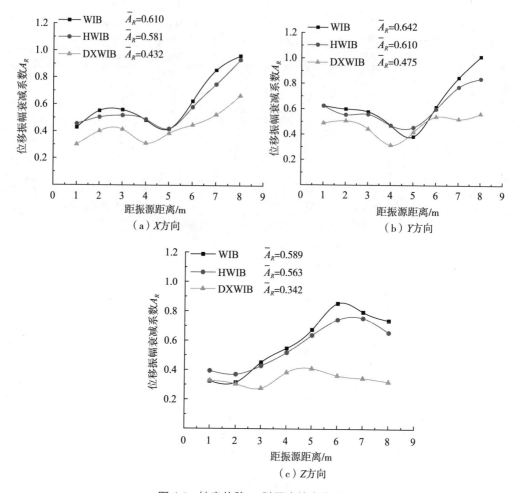

图 4.4　地表位移 A_R 随距离的变化曲线

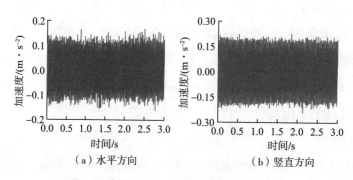

图 4.5　埋深 0.5 m 时地表加速度时程曲线

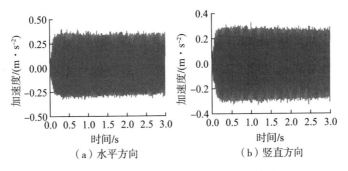

图 4.6 埋深 1 m 时地表加速度时程曲线

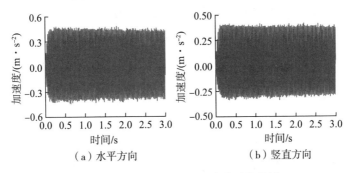

图 4.7 埋深 2 m 时地表加速度时程曲线

依据式（4-1）、式（4-2），计算得到不同 DXWIB 埋深时地表水平和竖向振动加速度和位移，如表 4.4 所示。由图表可知，除垂直位移的大小随埋深的变化先增大后减小，其他加速度和位移数据均呈增大趋势。随着埋深的增加，地表水平加速度和位移的变化幅值明显大于竖向，这意味着埋深对水平方向振动的影响更为显著。当地表的最小加速度在埋深 h=0.5 m（a_h=0.2415 m/s², $\overline{a}_h$=0.0881 m/s²），地面最小位移也在 h=0.5 m 时（s_h=2.74×10⁻⁷ m，$\overline{s}_h$=1.47×10⁻⁷ m），可以发现，DXWIB 屏障在浅埋深时地表加速度和位移值最小；随着埋深 h 的增加，地表水平位移、加速度与竖向位移、加速度的变化并不相同。因此，可根据所需的减振效果（即减振所作用的指标是竖向或水平方向的加速度和位移），选择合适的屏障埋置深度。

表 4.4 不同埋深时地表加速度和位移

埋深 / m	a_h / （m·s⁻²）	s_h / m	a_v / （m·s⁻²）	s_v / m	$\overline{a}_h$ / （m·s⁻²）	$\overline{s}_h$ / m	$\overline{a}_v$ / （m·s⁻²）	$\overline{s}_v$ / m
0.5	0.1665	2.74×10^{-7}	0.2415	5.31×10^{-7}	0.0450	1.47×10^{-7}	0.0881	3.22×10^{-7}
1.0	0.3995	1.03×10^{-6}	0.3281	8.69×10^{-7}	0.1754	5.91×10^{-7}	0.1483	5.24×10^{-7}
2.0	0.4796	1.33×10^{-6}	0.4171	3.76×10^{-7}	0.2279	8.12×10^{-7}	0.1787	1.79×10^{-7}

图 4.8（a）、图 4.8（b）分别为不同 DXWIB 屏障埋深下地表水平和竖向位移振幅衰减系数随距离变化曲线，从图中可以看出，随着距离的变化，地表水平和竖向的 A_R 值波动较大。当埋深 $h=1$ m，距振源中心 $l=0.5$ m 时，水平方向的 A_{Rh} 值最小，位移振幅减小 80.76%，此时水平方向隔振效果最好。当埋深 $h=0.5$ m，距振源中心距离为 1 m 时，竖向的 A_{Rv} 值最小，振动位移幅值减小 81.47%，此时竖直方向隔振效率最高。水平方向和垂直方向的最佳埋深存在差异，一般情况下，地基中埋置 DXWIB 可有效减小竖向和水平方向的地表位移，当埋深较小时，可获得较好的隔振效果。这是因为波在土层中的传播存在特征频率 $f_{e,v}^n$，该频率取决于土层厚度、土体的性质和振动方向。土层截止频率即为第 1 阶特征频率，只有激振频率高于截止频率的波才能在土层中传播；荷载激振低于该截止频率时，土层中没有波的传播，基岩层起到隔振减振的效果。

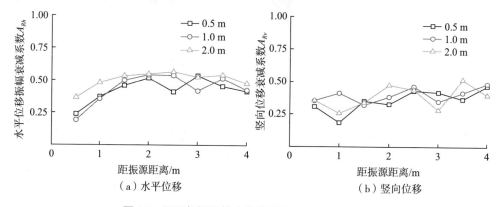

（a）水平位移　　　　　　（b）竖向位移

图 4.8　不同埋深下地表位移随距离变化的 A_R 曲线

只有基岩层深度足够浅，即存在有效的截止频率对目标环境振动有隔振效果。除此之外，屏障的透射效应，直接影响隔振效率，当屏障的阻抗比较大时，就可减少土面的振波透射，阻抗比越大，可获得更好的隔振效率。另外，DXWIB 屏障也存在衍射效应，直接影响到隔振范围，在安装时嵌入在振源中心位置附近时，隔振效果较好。

2）厚度的影响

选取距离振源中心 1 m 处的监测点进行分析，图 4.9 至图 4.11 分别为地基中 DXWIB 厚度为 20 cm、30 cm、40 cm 时地表振动加速度时程曲线。表 4.5 给出了不同 DXWIB 厚度时地表加速度和位移。当厚度 d 增加时，a_h 值和 s_h 值均先减小后增大，a_v 值始终增大，$\bar{a}_v$、s_v 和 $\bar{s}_v$ 则先增大后减小。可以发现，当采用不同的评价参数进行隔振评价时，DXWIB 的隔振效果也会存在差异，这与上述分析一致。另外，对比埋深来看，DXWIB 厚度的变化对隔振效果的影响较小，尤其体现在水平方向。因此，在实际工程中，应重点考虑埋深的影响。

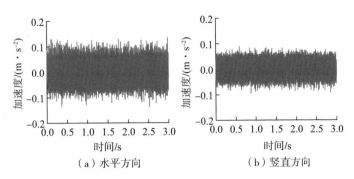

（a）水平方向　　　　　（b）竖直方向

图 4.9　厚度 20 cm 时地表加速度时程曲线

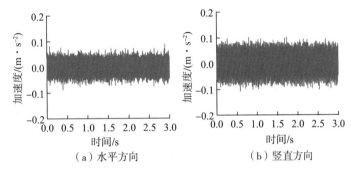

（a）水平方向　　　　　（b）竖直方向

图 4.10　厚度 30 cm 时地表加速度时程曲线

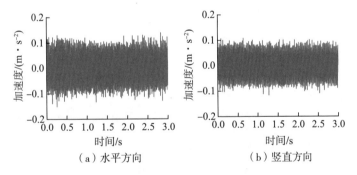

（a）水平方向　　　　　（b）竖直方向

图 4.11　厚度 40 cm 时地表加速度时程曲线

表 4.5　不同 DXWIB 厚度时地表加速度和位移

制品厚度 /m	a_h /($m \cdot s^{-2}$)	s_h /m	a_v /($m \cdot s^{-2}$)	s_v /m	$\overline{a}_h$ /($m \cdot s^{-2}$)	$\overline{s}_h$ /m	$\overline{a}_v$ /($m \cdot s^{-2}$)	$\overline{s}_v$ /m
0.2	0.1362	1.45×10^{-7}	0.0947	1.10×10^{-7}	0.0297	6.31×10^{-8}	0.0211	5.37×10^{-8}
0.3	0.0885	3.23×10^{-8}	0.1069	1.71×10^{-7}	0.0158	1.28×10^{-8}	0.0301	9.25×10^{-8}
0.4	0.1509	1.66×10^{-7}	0.1157	1.43×10^{-7}	0.0321	9.29×10^{-8}	0.0279	9.00×10^{-8}

图 4.12（a）、图 4.12（b）分别为不同 DXWIB 厚度下地表水平和竖向位移振幅衰减系数随距离变化曲线，从图中可以看出，水平方向的 A_{Rh} 曲线与竖向的 A_{Rv} 曲线变化趋势较为接近，但水平方向对距离的变化更为敏感。随着 d 的增加，A_R 曲线变化幅度较小，这表明厚度变化对隔振效率的影响较小，与上述分析一致。当距离振源中心 $l=3$ m 时，A_R 值最小，此时隔振效果最好。当厚度 $d=0.4$ m 时，DXWIB 在 0~4 m 的平均隔振效果（$A_{Rh}=0.382$，$A_{Rv}=0.420$）最好。因此，在考虑隔振效果时，实际工程中尽量选择埋置合适的屏障厚度。此外，水平、竖向位移也存在厚度大隔振效果近似的点（$l=3.0$ m，$l=3.5$ m），这说明 DXWIB 屏障存在临界厚度，当厚度达到一定程度时，减振效果不再增加。正是临界厚度的存在，需要根据实际的减振要求选择 DXWIB 的尺寸，并综合考虑成本等其他因素。

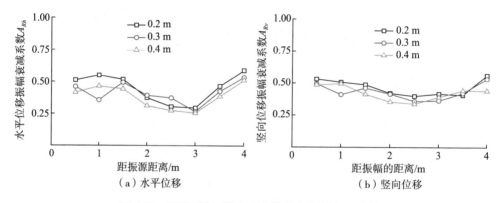

（a）水平位移　　　　　　（b）竖向位移

图 4.12　不同厚度时地表位移随距离变化的 A_R 曲线

3）激振力的影响

选取距离振源中心 1 m 处的监测点进行分析，图 4.13 至图 4.16 分别给出了竖向激振压强为 0.25 MPa、0.30 MPa、0.35 MPa、0.40 MPa 时地表振动加速度时程曲线。

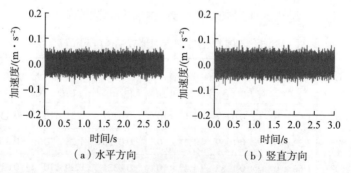

（a）水平方向　　　　　　（b）竖直方向

图 4.13　0.25 MPa 激振力时地表加速度时程曲线

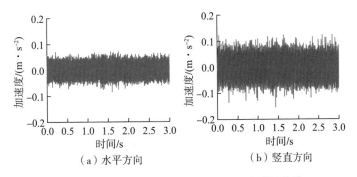

图 4.14　0.30 MPa 激振力时地表加速度时程曲线

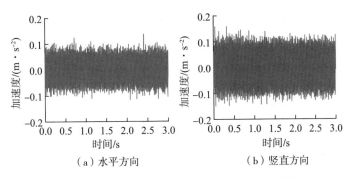

图 4.15　0.35 MPa 激振力时地表加速度时程曲线

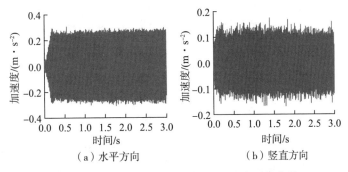

图 4.16　0.40 MPa 激振力时地表加速度时程曲线

表 4.6 给出了不同激振压强下地表加速度和位移。随着激振力均匀的增加，位移、加速度的均值和振幅均呈增大趋势。激振压强 P 从 0.25 MPa 到 0.40 MPa，地表加速度和位移开始增长较为缓慢，随着激振力的进一步加大，增长较为迅速。

表 4.6　不同激振压强下地表加速度和位移

激振压强 /MPa	a_h / $(\text{m} \cdot \text{s}^{-2})$	s_h / m	a_v / $(\text{m} \cdot \text{s}^{-2})$	s_v / m	$\overline{a}_h$ / $(\text{m} \cdot \text{s}^{-2})$	$\overline{s}_h$ / m	$\overline{a}_v$ / $(\text{m} \cdot \text{s}^{-2})$	$\overline{s}_v$ / m
0.25	0.0797	4.30×10^{-8}	0.0922	8.84×10^{-8}	0.0147	1.69×10^{-8}	0.0177	4.17×10^{-8}

激振压强 /MPa	a_h / $(m \cdot s^{-2})$	s_h / m	a_v / $(m \cdot s^{-2})$	s_v / m	$\overline{a}_h$ / $(m \cdot s^{-2})$	$\overline{s}_h$ / m	$\overline{a}_v$ / $(m \cdot s^{-2})$	$\overline{s}_v$ / m
0.30	0.0850	1.26×10^{-7}	0.1113	1.09×10^{-7}	0.0152	7.10×10^{-8}	0.0267	5.44×10^{-8}
0.35	0.1366	1.37×10^{-7}	0.1582	1.64×10^{-7}	0.0263	6.76×10^{-8}	0.0290	9.08×10^{-8}
0.40	0.3074	2.57×10^{-7}	0.1745	3.54×10^{-7}	0.1223	9.34×10^{-8}	0.0511	1.95×10^{-7}

图 4.17（a）、图 4.17（b）分别给出了不同激振压强下地表水平和竖向位移振幅衰减系数随距离变化曲线。从振动的方向上看，水平方向随着距离的变化 A_{Rh} 值波动大，竖向的 A_{Rv} 值随着距离的变化较小，竖直方向的隔振效率明显高于水平方向。从激振力的变化来看，水平方向 A_{Rh} 值随距离变化整体上较为稳定，隔振效率接近，竖直方向的变化幅度大，对激振力变化更为敏感，两者 A_R 值均小于 1。竖直方向的平均振幅衰减比水平方向小，说明竖直方向隔振效率好。在不同的激振力下，DXWIB 屏障到振源中心的距离对隔振效果影响较大，DXWIB 屏障更适合用于近场竖直方向的能量衰减。

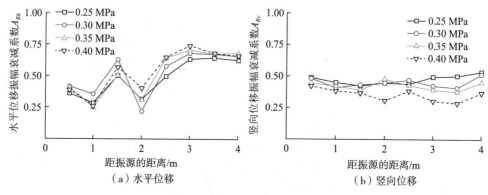

图 4.17　不同激振压强下地表位移随距离变化的 A_R 曲线

4）激振频率的影响

为了分析激振频率对 DXWIB 屏障的隔振效果的影响，编著者设计了 5 组不同激振频率试验进行对比。图 4.18 至图 4.22 分别为 5 Hz、10 Hz、20 Hz、40 Hz、70 Hz 频率下地表加速度时程曲线。表 4.7 给出了不同激振频率下地表加速度和位移。试验数据表明，在激振频率 f=5 Hz 时，位移和加速度数值最小。激振频率从 5 Hz 到 70 Hz，地面水平方向和竖直方向的加速度幅值分别增加了 46.38% 和 17.29%，平均加速度幅值分别增加了 28.36% 和 0.8%。相比之下，位移振幅变化较大，最大变化幅度达到 90.43%。当激振频率 f=70 Hz 时水平方向和垂直方向的地面位移振幅趋于相同。随着激振频率的增加，加速度和位移的变化规律呈先增大后减小的趋势，加速度和位移在 f=40 Hz 处达到峰值。因此，DXWIB 在 f=5 Hz 的低频时对地面位移、加速度均有很好的抑制效果，并随着频率的增加减振效果逐渐衰弱，在中频时减振效果有所回升。

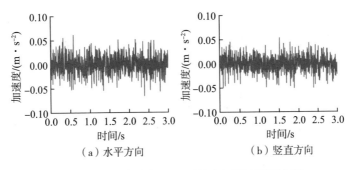

（a）水平方向　　　（b）竖直方向

图 4.18　激振频率为 5 Hz 时地表加速度时程曲线

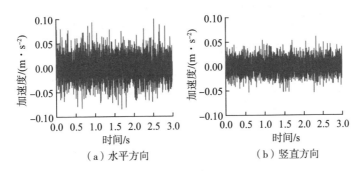

（a）水平方向　　　（b）竖直方向

图 4.19　激振频率为 10 Hz 时地表加速度时程曲线

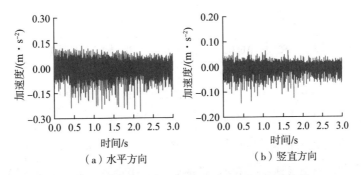

（a）水平方向　　　（b）竖直方向

图 4.20　激振频率为 20 Hz 时地表加速度时程曲线

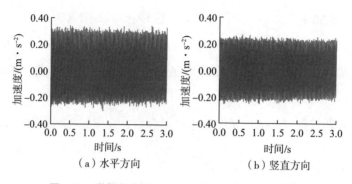

图 4.21　激振频率为 40 Hz 时地表加速度时程曲线

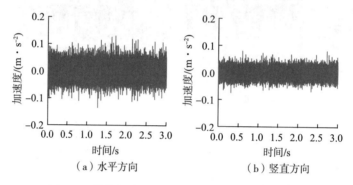

图 4.22　激振频率为 70 Hz 时地表加速度时程曲线

表 4.7　不同激振频率下地表加速度和位移

激振频率 / MPa	a_h / ($\mathrm{m \cdot s^{-2}}$)	s_h / m	a_v / ($\mathrm{m \cdot s^{-2}}$)	s_v / m	$\bar{a}_h$ / ($\mathrm{m \cdot s^{-2}}$)	$\bar{s}_h$ / m	$\bar{a}_v$ / ($\mathrm{m \cdot s^{-2}}$)	$\bar{s}_v$ / m
5	0.0726	6.66×10^{-8}	0.0665	3.15×10^{-8}	0.0144	9.50×10^{-9}	0.0124	6.20×10^{-9}
10	0.0976	9.93×10^{-8}	0.0671	5.45×10^{-8}	0.0261	1.60×10^{-8}	0.0134	2.03×10^{-8}
20	0.2617	1.23×10^{-7}	0.1464	8.47×10^{-8}	0.0778	6.97×10^{-8}	0.0368	2.02×10^{-7}
40	0.3443	4.25×10^{-7}	0.2679	3.06×10^{-7}	0.1379	2.18×10^{-7}	0.1155	4.31×10^{-7}
70	0.1354	3.23×10^{-7}	0.0804	3.29×10^{-7}	0.0201	4.62×10^{-8}	0.0125	5.00×10^{-8}

　　图 4.23（a）、图 4.23（b）分别为不同激振频率下地表水平和竖向位移振幅衰减系数随距离变化曲线。由图可以看到，在 5 个试验频率下，无论水平方向还是竖直方向，DXWIB 均具有良好的隔振效果，但垂直方向的平均隔振效果（A_{Rv}=0.33）优于水平方向的平均隔振效果（A_{Rh}=0.46）。具体来说，在竖直方向上，频率为 5 Hz 时隔振效率最好，其次是频率为 10 Hz 和 40 Hz。在水平方向上，f=70 Hz 的减振效果较差，f=5 Hz 和 f=20 Hz 的减振效果较好。水平减振的最佳距离为 2 m，竖向减振的最佳点

为 2.5 m。总体而言，DXWIB 在低频和中频下，均有较好的减振性能，其中低频的隔振效果最好。究其原因，在振源下面埋置 DXWIB 时，DXWIB 起到次生波源作用，在其表面产生波长更短的次生波，波长变短，加速波的衰减。传统的波阻板的减振效果不超 10 Hz 较好，由于 DXWIB 改变了波的截止频率，改善了 WIB 只适用于低频减振的特性，大大提高了减振的频宽。从试验数据来看，在 5~70 Hz 频率下均有良好的隔振效果。

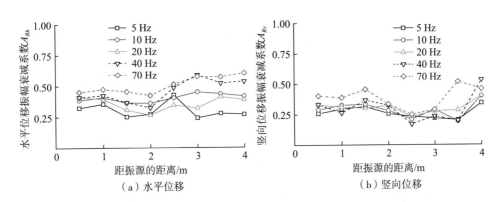

图 4.23　不同激振频率下地表位移随距离变化的 A_R 曲线

4.3　Duxseal-WIB 对地铁列车振动的隔振效应

为验证 Duxseal-WIB 对地铁列车诱发的地基振动的隔振效果，高盟课题组选取青岛地铁 3 号线某区间标准段进行对比试验。标准段隧道断面外直径为 6 m，内直径为 6.65 m，隧道衬砌厚度为 0.35 m，混凝土强度等级为 C35。隧道为单洞单线隧道，开挖深度 25 m，初衬为 0.20 m，二衬为 0.15 m。钢轨采用 60 kg/m 标准钢轨，轨距为 1.435 m。地基土层 3 层，自上而下分别为人工填土、黏土及粗砾砂、花岗岩，土层深度分别为 4 m、10 m、36 m。选取区间相邻 3 段分别在其轨道下方布置 WIB、HWIB 和 DXWIB 隔振屏障，尺寸均为 200 m（长）×4.2 m（宽）×0.50 m（高）。监测点布置及隔振屏障如图 4.24 所示。

4.3.1　WIB、HWIB 和 DXWIB 隔振性能对比

隔振效果以位移振幅衰减系数 A_R 来衡量，见式（2-1）。$A_R=0$，即设置屏障时位移振动幅值要远远小于未设置屏障时位移振动幅值，意味着隔振效果达到 100%；若 $A_R=1$，即设置屏障时位移振动幅值与未设置屏障时位移振动幅值数值相等，即该屏障无隔振效果。

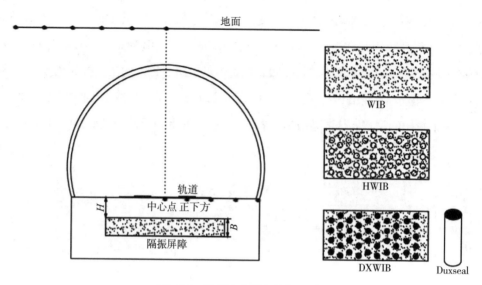

图 4.24　监测点布置及隔振屏障

选取基床表层中的轨道正下方点为节点 A，取距轨道中轴线 40 m 处为节点 B。分别提取各节点的位移、加速度时程、频谱及 Z 振级曲线。

图 4.25 为各节点不同隔振结构振动位移幅值曲线。对于节点 A、B，DXWIB 的振动位移幅值最小，自由场的振动位移幅值最大，WIB 和 HWIB 的振动位移幅值很相近。其中，节点 A 中的 DXWIB 振动位移幅值 2.92 mm，相对于自由场振动位移幅值减小了 24%；节点 B 中的 DXWIB 振动位移幅值 0.62×10^{-2} mm，相对于自由场振动位移幅值减小了 29%。对于振动位移幅值而言，在相同参数条件下，DXWIB 的隔振效果明显高于另外两种隔振结构，而 WIB 与 HWIB 的隔振效果非常相近。

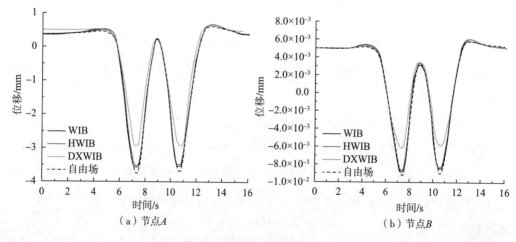

图 4.25　各节点位移幅值曲线

以上分析为一个监测点的位移变化曲线，可以看出 3 种屏障出现峰值位移时，计算时间不尽相同，在这里我们只关注位移最大幅值。以此类推，实际计算中基床表层和地表距轨道中轴线不同位置有相对应的监测点，将所有监测点的最大位移幅值整合到一起，通过 A_R 系数的表达式，即可计算出基床表层和大地地面的位移振幅衰减系数。

图 4.26 为基床表层及地表位移振幅衰减系数变化曲线。从图 4.26 可以看出，位移振幅衰减系数 A_R 均小于 1，这说明 WIB、HWIB、DXWIB 都具有一定的隔振效果。在基床表层中，位移振幅衰减系数随距离的增加趋于稳定状态。其中，DXWIB 的位移振幅衰减系数 A_R 最小为 0.31，即隔振效果为 69%，同理可知 WIB 的隔振效果为 45%，HWIB 的隔振效果为 47%。相反，地表位移振幅衰减系数的变化随距离的增加波动较大，出现多处波峰。DXWIB 的位移振幅衰减系数 A_R 最小为 0.30，即隔振效果为 70%，同理可知 WIB 的隔振效果为 53%，HWIB 的隔振效果为 54%。综合分析可得，DXWIB 相对于 WIB、HWIB 具有优异的隔振效果。

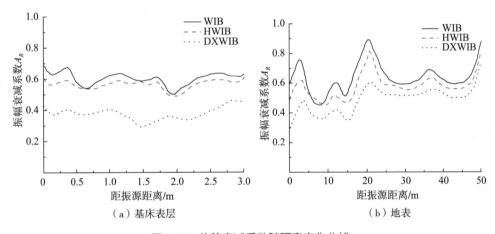

图 4.26　位移衰减系数随距离变化曲线

从图 4.27 可以看出，对 WIB、HWIB、DXWIB 3 种不同隔振结构而言，节点 A 的加速度峰值分别为 12.31 m/s^2、11.87 m/s^2、8.15 m/s^2，DXWIB 的加速度峰值相对于 WIB、HWIB 降低了 32%；节点 B 的加速度峰值分别为 10.32 m/s^2、9.59 m/s^2、6.12 m/s^2，加速度峰值降低了 38%。峰值均在 9~12 s 时间段内，这说明列车此时恰好经过该监测点。综合以上分析可知 Duxseal 材料具有优异的隔振特性，而 DXWIB 具有更好的隔振性能。通过编写 MATLAB 程序，计算并绘制各节点的 Z 振级、频谱曲线。

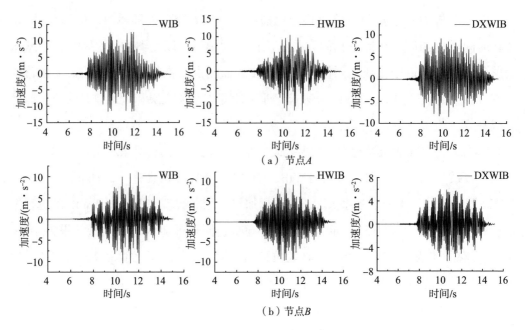

图 4.27　各节点加速度时程曲线

　　图 4.28 为各节点 Z 振级曲线。如图 4.28 所示，3 种隔振结构的 Z 振级变化曲线走势基本一致，WIB 与 HWIB 的振级峰值比较接近，而 DXWIB 的振级峰值明显低于前二者，Z 振级峰值所对应的振动频率为 100~160 Hz。对于节点 A，DXWIB 的 Z 振级峰值最小，大小为 106.1 dB，相对于 WIB 和 HWIB 分别减少约 13 dB、12 dB，而节点 B 的 Z 振级峰值分别减少约 6 dB、5 dB。

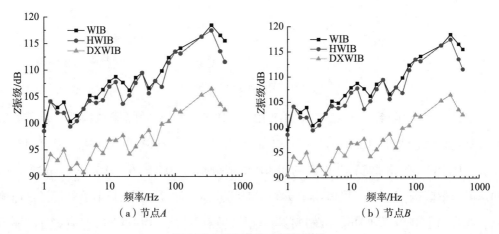

图 4.28　不同节点 Z 振级曲线

节点 A、B 频谱曲线如图 4.29 所示。WIB、HWIB、DXWIB 3 种屏障加速度峰值所对应的主频率主要以中频为主，频率为 100~150 Hz。由于各隔振结构的材料属性及参数设置不一样，所以该频率为不同隔振结构的特征频率。节点 A 在 WIB、HWIB、DXWIB 3 种隔振结构下主导频率所对应的加速度分别为 5.61 m/s^2、4.89 m/s^2、4.32 m/s^2，节点 B 主导频率所对应的加速度分别为 4.32 m/s^2、4.18 m/s^2、3.27 m/s^2，可以看出 DXWIB 隔振结构加速度峰值最小，说明 DXWIB 具有较好的隔振效果。

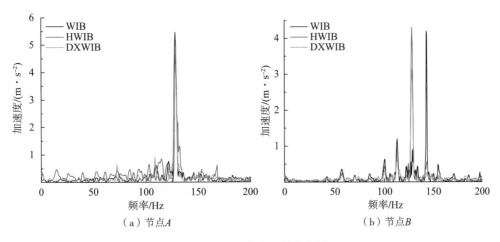

（a）节点A　　　　　　　　　　　（b）节点B

图 4.29　不同节点 Z 振级曲线

4.3.2　DXWIB 隔振性能影响因素数值分析

以现场试验段为原型，建立 ABAQUS 数值计算模型，模型尺寸为沿线路纵向的长度为 200 m，垂直轨道水平方向为 100 m，高度为 50 m。地基土层参数见表 4.8，模型其他参数见表 4.9。钢轨和扣件之间的连接方式为弹簧阻尼器，扣件刚度的横向、垂向及纵向等效刚度分别为 37.5 kN/m、25 kN/m、37.5 kN/m。轨道板与基床表面、路基底面与土体之间采用"罚"接触，衬砌结构与土体之间通过 Tie 接触保持各接触面之间的变形协调。将地基土视为弹塑性材料，模型边界采用陈灯红等提出的三维黏弹性人工边界条件。

为分析地铁振动诱发的地基振动，共选取 11 个监测点。列车移动荷载通过 DLOAD 子程序施加，车速为 70 km/h。在隧道内基床表层选取 5 个监测点，以轨道中轴线为起点依次为：中心点、轨道正下方、1.5 m、2.0 m、3.0 m。地表选取 6 个监测点，以轨道中轴线为起点依次为：0 m、10 m、20 m、30 m、40 m、50 m。计算分析各监测点的振动位移幅值、加速时程、频谱及 Z 振级曲线。

表 4.8　土层参数

名称	厚度/m	密度/(kg·m⁻³)	弹性模量/kPa	泊松比 ν	黏聚力/kPa	内摩擦角 φ/(°)	阻尼比 ζ	瑞利阻尼系数 α	瑞利阻尼系数 β
填土	4	1800	1×10^4	0.31	30	20	0.08	1.15902	0.00550
黏土及粗砾砂	10	1960	1.7×10^4	0.3	40	26	0.065	0.94172	0.004485
花岗岩	36	2000	1.2×10^7	0.25	35	40	0.04	0.57952	0.00276

表 4.9　模型其他参数

部件	密度/(kg·m⁻³)	弹性模量/kPa	泊松比 ν	阻尼比 ζ	瑞利阻尼系数 α	瑞利阻尼系数 β
轨道	7800	2.1×10^8	0.3	0.01	0.14488	0.00069
轨道板	2500	3.0×10^7	0.2	0.03	0.43453	0.00207
基床表层	1900	2.5×10^6	0.3	0.07	1.01414	0.00483
混凝土 WIB	2400	3.0×10^7	0.3	0.05	0.72439	0.00345
Duxseal	1650	8.0×10^3	0.46	0.18	2.60784	0.01242
衬砌	2500	3.2×10^7	0.2	0.05	0.72439	0.00345

在轨道正下方一定深度埋置一定厚度的 DXWIB，根据不同埋深和屏障厚度设计 5 组模拟试验，见表 4.10。

表 4.10　数值模拟试验参数

试验编号	埋置深度（H）/m	厚度（B）/m
1	0.3	0.4
2	0.4	0.6
3	0.5	0.8
4	0.6	1.0
5	0.7	1.2

图 4.30 为各节点在不同试验参数下的振动位移幅值曲线。随着 DXWIB 埋深及厚度的增加，各节点的振动位移幅值整体呈先减小后增大的趋势。当 DXWIB 的埋深 0.5 m、厚度 0.8 m 时节点 A、B 的振动位移幅值最小，分别为 2.92 mm、0.62×10^{-2} mm；埋深 0.7 m、厚度 1.2 m 时的振动位移幅值最大，分别为 3.43 mm、0.85×10^{-2} mm。仅对振

动位移幅值而言，DXWIB 的最优试验参数为埋深为 0.5 m、厚度为 0.8 m。

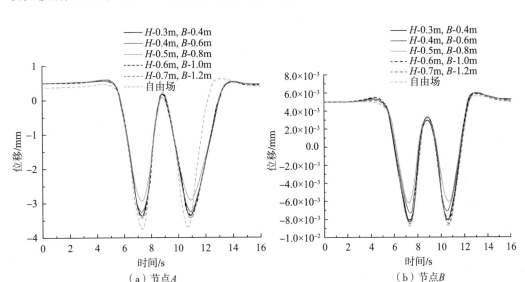

图 4.30　不同试验参数振动位移幅值曲线

图 4.31 为不同试验参数下基床表层和大地地表的位移振幅衰减系数变化曲线。如图 4.31 所示，当埋深（H）为 0.5 m、厚度（B）为 0.8 m 时，基床表层的振幅衰减系数 A_R 最小为 0.41，即隔振效果为 59%；大地地表的振幅衰减系数 A_R 最小为 0.36，即隔振效果为 64%。相对于其他试验参数，该试验参数的隔振效果明显提高。埋深（H）为 0.7 m、厚度（B）为 1.2 m 时大地地表中出现了振幅衰减系数 $A_R > 1$ 的情况，表明在该试验参数下，隔振效果与试验参数呈负相关，无隔振作用。因此，综合分析得到 DXWIB 的最优试验参数为埋深（H）为 0.5 m、厚度（B）为 0.8 m。

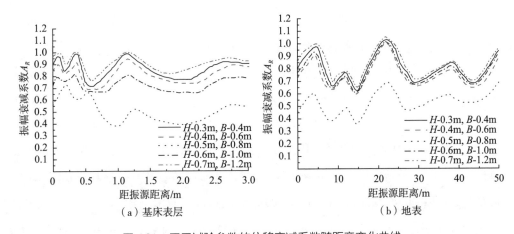

图 4.31　不同试验参数的位移衰减系数随距离变化曲线

图 4.32 为各节点在不同试验参数下的频谱曲线。节点 A、B 在各个试验参数下的频谱曲线变化趋势基本一致。当 DXWIB 的埋深为 0.3 m、厚度为 0.4 m 时，节点 A、B 的主导频率分别为 120 Hz、128 Hz，对应的加速度为 3.37 m/s²、3.77 m/s²；埋深为 0.4 m、厚度为 0.6 m 时，节点 A、B 的主导频率分别为 128 Hz、123 Hz，对应的加速度为 2.66 m/s²、2.61 m/s²；埋深为 0.5 m、厚度为 0.8 m 时，节点 A、B 的主导频率分别为 136 Hz、133 Hz，对应的加速度为 2.68 m/s²、3.15 m/s²；埋深为 0.6 m、厚度为 1.0 m 时，节点 A、B 的主导频率分别为 123 Hz、136 Hz，对应的加速度为 2.32 m/s²、2.52 m/s²；埋深为 0.7 m、厚度为 1.2 m 时，节点 A、B 的主导频率分别为 132 Hz、128 Hz，对应的加速度为 2.11 m/s²、2.86 m/s²。综合分析可知，对于基床表层和地表的加速度频谱而言，振动的主导频率也均在 100~150 Hz。

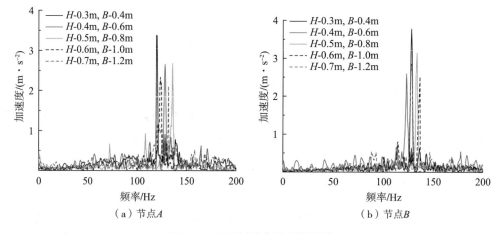

（a）节点 A （b）节点 B

图 4.32 不同试验参数频谱曲线

图 4.33 为各节点在不同试验参数下的 Z 振级曲线。当 DXWIB 的埋深为 0.3 m、厚度 0.4 m 时，节点 A、B 的 Z 振级幅值分别为 116.4 dB、70.2 dB；埋深为 0.4 m、厚度为 0.6 m 时，Z 振级幅值为 109.7 dB、69.5 dB；埋深为 0.5 m、厚度为 0.8 m 时，Z 振级幅值为 106.1 dB、66.8 dB；埋深为 0.6 m、厚度为 1.0 m 时，Z 振级幅值为 112.3 dB、70.2 dB；埋深为 0.8 m、厚度为 1.2 m 时，Z 振级幅值为 115.4 dB、71.6 dB。不难发现各种工况条件下的 Z 振级幅值随着埋深及厚度的增加呈先衰减后增大的趋势。当埋深为 0.5 m、厚度为 0.8 m 时，各节点的 Z 振级幅值最小，且均满足地铁噪声与振动控制规范要求。因此，当 DXWIB 的埋深为 0.5 m、厚度为 0.8 m 时，隔振效果最好。

由对比试验和数值分析可知，对于地铁列车诱发的地基振动，WIB 和 HWIB 的隔

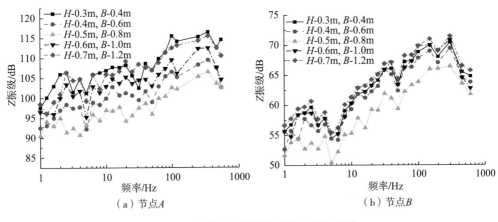

图 4.33　各节点不同试验参数 Z 振级曲线

振效果非常相近，而 DXWIB 的隔振效果明显提高。DXWIB 屏障对基床表层的最大隔振效果达到 69%，地表的隔振效果达到 70%。证明 DXWIB 具有优异的隔振效果。当 DXWIB 的埋置深度为 0.5 m、厚度为 0.8 m 时，位移振幅衰减系数 A_R 最小，隔振效果最佳，基床表层和地表的隔振效果分别达到了 59%、64%。

4.4　矩形管波阻板对高速列车振动的隔振效应

　　空沟是在高速铁路隔振中经常设置的屏障，但空沟受地基土层条件的制约易塌陷。为增加空沟的稳定性，Segol 和 Ahmad 提出了在空沟中填充材料的填充沟隔振屏障。但 Andersen 研究发现不论振动频率高低，填充沟隔振效果均小于空沟，且其隔振效果受沟深的影响显著。蔡袁强教授指出当填充沟深度超过 1.5 倍的 Rayleigh 波长时，填充沟才能起到明显的隔振效果。为弥补空沟和填充沟的缺陷，高盟课题组提出了矩形空心波阻板屏障即矩形管波阻板屏障（简称 RHWIB）。矩形管波阻板及其在高速铁路隔振中的屏障布置如图 4.34 所示。矩形管波阻板高度为 h_{RH}，宽为 w_{RH}，壁厚为 d_{RH}，其大小尺寸可根据需求不同进行调整。单个矩形管波阻板标准尺寸为：$h_{RH}=w_{RH}=X_0$，$d_{RH}=0.1X_0$。

　　为对比分析空沟、填充沟与 RHWIB 对高速列车诱发的地基振动的隔振效应，建立 2.5 维有限元计算模型，计算域的半宽为 50 m、深度为 20 m，网格尺寸满足网格划分标准。为消除边界效应，采用高广运等推导的 2.5 维黏弹性人工边界。在填充沟（混凝土墙）和矩形管波阻板与土体间设置接触对，包括法向作用（"硬接触"）和切向作用［摩擦特性为"罚"，摩擦系数 $\mu=\tan(0.75\varphi)$，φ 为土体内摩擦角］。隔振模型网格划分见图 4.35。

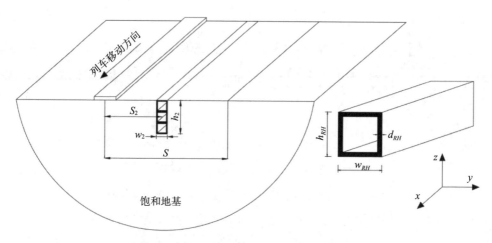

图 4.34　饱和地基中矩形管波阻板及其在高速铁路隔振中的屏障布置

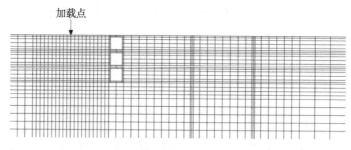

图 4.35　隔振模型网格划分

低速列车和高速列车移动速度分别取 30 m/s 和 100 m/s 作为代表值。隔振屏障几何尺寸以 X_0 为基准，X_0 取 1.0 m。3 种隔振屏障尺寸相同，布置于轨道右侧，深度 $h_2=3X_0$，宽度 $w_2=X_0$，距离轨道中心线 $s_2=3X_0$。波阻板屏障的材料参数相同，见表 4.11，地基土层参数见表 4.12。

表 4.11　屏障材料参数

参数名称	弹性模量 / (10^3MPa)	密度 / (10^2kg·m^{-3})	泊松比	材料阻尼
矩形管波阻板	35	25	0.17	0.05

表 4.12　地基土层参数

参数名称	数值	参数名称	数值	参数名称	数值
土骨架密度 / (kg·m^{-3})	1850	土体剪切波速 / (m·s^{-1})	100	材料阻尼	0.05
泊松比	0.40	孔隙流体密度 / (kg·m^{-3})	1000	孔隙率	0.47
土体剪切模量 / (10^7Pa)	1.85	流体体积模量 / (10^9Pa)	2.0	动力渗透系数 / (10^{-7}m·s^{-1})	1.0

4.4.1　屏障对加速度的隔振效应

图 4.36 为高铁列车分别以 30 m/s 和 100 m/s 的速度运行时，不设屏障和设置不同屏障后距轨道中心 20 m 处的加速度时程曲线。由图 4.36 可知，当低速列车运行时，对参考点处的振动响应，空沟基本无隔振效果，其加速度时程曲线与自由场基本一致。矩形管波阻板隔振效果最好，加速度降低达到 20%。矩形管波阻板弥补了空沟在列车低速行驶时隔振效果不佳的问题，隔振效果略大于填充沟。当列车高速运行时，参考点处矩形管波阻板的隔振效果最佳，加速度隔振效果达到 89%，填充沟的隔振效果为 84%，两者隔振效果相差不大，而空沟的隔振效果仅为 39%，低于填充沟和矩形管波阻板。

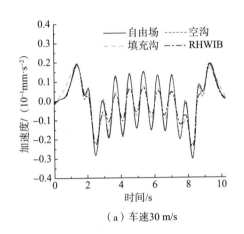
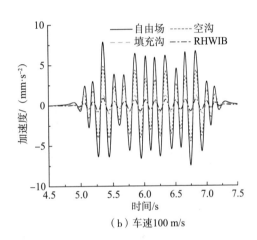

（a）车速30 m/s　　　　　　　　　　（b）车速100 m/s

图 4.36　建筑地板中心加速度时程对比

由此可得出：空沟在列车低速行驶时基本没有隔振效果，而在高速运行时具有一定的隔振效果。填充沟和矩形管波阻板两种屏障在列车高速运行时的隔振效果均大于低速运行时的隔振效果，两者隔振效果相近。但矩形空心管较混凝土墙（填充沟）可节省混凝土用量，节省隔振成本。

图 4.37 为车速为 30 m/s 和 100 m/s 时，设置屏障前后建筑地板中心的频谱曲线。由图可知，参考点处设置隔振屏障前后振动频段范围没有显著变化。列车低速运行时，对于小于 1.0 Hz 的低频振动空沟、填充沟和矩形管波阻板 3 种屏障均无隔振效果，而空沟、填充沟还有振动放大现象。对大于 1.0 Hz 的振动，空沟与自由场频谱曲线基本重合，几乎没有隔振效果。而填充沟和矩形管波阻板隔振效果明显，且主频范围有所减小。当列车高速运行时，无论是振动频率高低，空沟、填充沟和矩形管波阻板 3 种屏障对振动均有隔振效果。填充沟和矩形管波阻板隔振效果相近而隔振效果均大于空

沟，且使振动主频范围减小。同时对比图 4.37（a）和图 4.37（b），相比车速 30 m/s 时，车速 100 m/s 时引起的建筑物振动频率更高，两者产生的振动主频分别为 1.3 Hz、7.0 Hz。

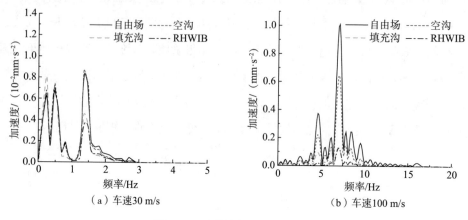

（a）车速 30 m/s　　　　　　　　（b）车速 100 m/s

图 4.37　建筑地板中心频谱对比

图 4.38、图 4.39 分别为车速 30 m/s 和 100 m/s 时不设屏障和设置屏障的地面加速度分布。地面短边方向为垂直轨道方向即 y 坐标方向，长边方向为 x 坐标方向，列车沿 x 方向运行。选取轨道中心外 3~20 m 地面为观测面。

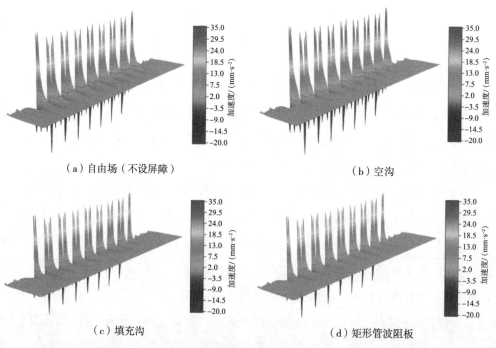

（a）自由场（不设屏障）　　　　　　　　（b）空沟

（c）填充沟　　　　　　　　（d）矩形管波阻板

图 4.38　车速 30 m/s 时不设屏障和设不同屏障轨道中心外 3~20 m 的地面加速度

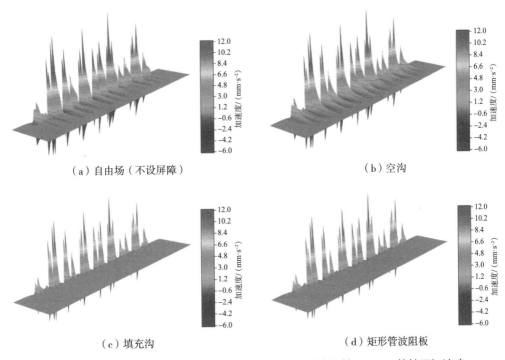

（a）自由场（不设屏障）　　　　　　　　　　（b）空沟

（c）填充沟　　　　　　　　　　　　　　（d）矩形管波阻板

图 4.39　车速 100 m/s 时不设屏障和设不同屏障轨道中心外 3~20 m 的地面加速度

图 4.38 中可观察到列车运行时引起明显的地面波动起伏，且随着距离增加波动衰减迅速。两种车速情况下，均可以观测到清晰的列车轮轨痕迹，车速为 100 m/s 地表面的波动显著提高。当车速为 30 m/s 时，矩形管波阻板和填充沟都能取得一定的隔振效果，屏障及屏障后侧地面加速度有所减小。此外，从图 4.38（b）中可以明显观测到空沟沟前存在振动增大现象。当车速为 100 m/s 时，矩形管波阻板和填充沟隔振效果十分优异，屏障及屏障后侧地面加速度显著降低，已基本观测不到波动痕迹；空沟也能取得一定的隔振效果，但屏障前的振动增大现象仍然存在。

4.4.2　屏障对位移的隔振效应

图 4.40（a）、图 4.40（b）分别为列车速度为 30 m/s、100 m/s 时不设屏障和设置不同屏障时 20 m 处位移时程曲线。

与加速度类似，当列车速度为 30 m/s 时，空沟几乎没有隔振效果，其位移时程曲线与自由场基本一致，矩形管波阻板隔振效果最好，位移隔振效果达到 22%，填充沟也有一定的隔振效果，隔振效果为 9%。当列车速度为 100 m/s 时，3 种屏障对邻近建筑均具有一定的隔振效果，参考点处矩形管波阻板隔振效果最佳，位移隔振效果可达到 42%，空沟和填充沟的隔振效果分别为 28% 和 31%。另外，需要说明的是车速不同

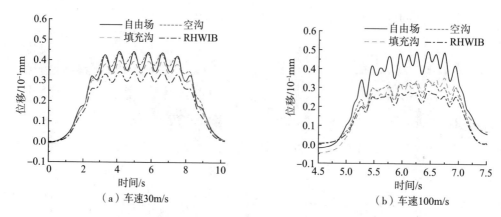

图 4.40　不设屏障和设置不同屏障时建筑物地板中心处位移时程曲线

列车通过参考点所需时间不同，车速高通过参考点所需时间短，所以两种车速选取时间段不同。

图 4.41 和图 4.42 分别为车速 30 m/s、100 m/s 时不设屏障和设置不同屏障的轨道中心左右 20 m 地面位移分布。

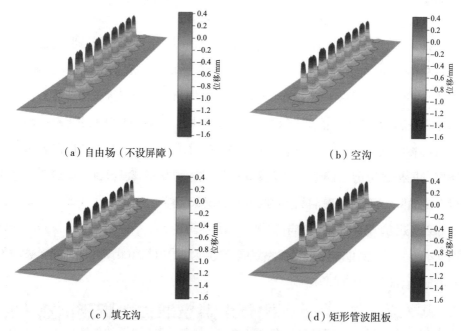

图 4.41　车速 30 m/s 时不设屏障和设不同屏障轨道中心左右 20 m 范围地面位移

由图 4.41、图 4.42 可知，列车运行引起的地面位移起伏、轮轨痕迹明显，车速 100 m/s 时引起的位移振幅约为 30 m/s 车速的 2 倍。且由于建筑物的存在，轨道右侧地

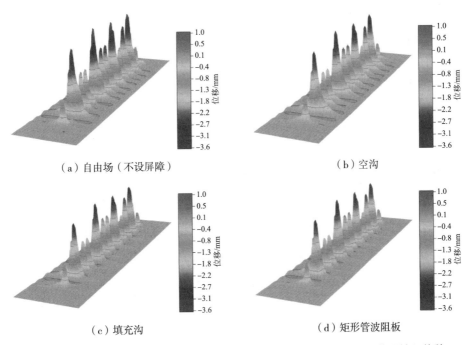

（a）自由场（不设屏障）　　　　　　　　（b）空沟

（c）填充沟　　　　　　　　　　　（d）矩形管波阻板

图 4.42　车速 100 m/s 时不设屏障和设不同屏障轨道中心左右 20 m 范围地面位移

面位移显著小于轨道左侧。当列车低速运行时，列车车轮产生的竖向位移以负向为主，且引起位移振幅基本相同；而列车高速运行时，除了负向变形，也产生了一定的正向变形，且车速提高以后可以明显地观测到不平顺波动。当车速 30 m/s 时，3 种屏障的隔振效果均不明显。

由计算分析可知，列车运行速度较低时，无论是对加速度还是位移，空沟的隔振效果均不明显，填充沟和矩形管波阻板隔振效果相近，矩形管波阻板略好于填充沟。两者在列车低速行驶时也能起到一定的隔振效果。空沟在列车高速运行时可对振动起到一定的隔振效果，但会在沟前有振动放大现象。在列车高速运行时填充沟和矩形管波阻板的隔振效果大于列车低速运行时的隔振效果，也大于空沟。因此，RHWIB 既可弥补空沟在列车低速运行时隔振效果不明显的缺陷，与填充沟相比，也减少了混凝土用量，隔振成本更低，隔振效率更高。而且矩形管波阻板可以预制，避免现场浇筑混凝土，施工方便。

主要参考文献

［1］高盟，张致松，王崇革，等. 竖向激振力下 WIB-Duxseal 联合隔振试验研究［J］. 岩土力学，

2021, 42（2）：537–546.

［2］YING W, ZHISONG Z, MENG G. Field Test on the Isolation Effects of Duxseal–WIB Subjected to Vertical Excitation Forces［J］. Journal of Testing and Evaluation, 2022, 50（3）: 1377–1389.

［3］WOODS R D. Screening of surface waves in soils［J］. Journal of the Soil Mechanics and Foundations Division, ASCE, 1968, 94（4）: 951–979.

［4］CHOUW N, LE R, SCHMID G. An approach to reduce foundation vibrations and soil waves using dynamic transmitting behavior of a soil layer［J］. Bauingenieur, 1991, 66（1）: 215–221.

［5］GAO G Y, LI N, GU X Q, et al. Field experiment and numerical study on active vibration isolation by horizontal blocks in layered ground under vertical loading［J］. Soil Dynamics and Earthquake Engineering, 2015, 69(2): 251–261.

［6］TSAI P, FENG Z Y, JEN T L. Three–dimensional analysis of the screening effectiveness of hollow pile barriers for foundation–induced vertical vibration［J］. Computers and Geotechnics, 2008, 35（3）: 489–499.

［7］SCHMID G, CHOUW N, LE R. Shielding of structures from soil vibrations［C］. Proceedings of Soil Dynamics and Earthquake Engineering V. Int Conf on Soil Dynamics and Earthquake Engineering Southampton: Computational Mechanics Publications, 1991: 651–662.

［8］TAKEMIYA H. Field vibration mitigation by honeycomb WIB for pile foundations of a high–speed train viaduct［J］. Soil Dynamics and Earthquake Engineering, 2004, 24（1）: 69–87.

［9］GAO G, ZHANG Q, CHEN J, et al. Field experiments and numerical analysis on the ground vibration isolation of wave impeding block under horizontal and rocking coupled excitations［J］. Soil Dynamics and Earthquake Engineering, 2018, 115(12): 507–512.

［10］李丹阳, 高盟, 杨帅, 等. 地铁列车荷载作用下 Duxseal–WIB 隔振性能数值分析［J］. 地震工程学报, 2021, 43（4）: 989–1000.

［11］陈灯红, 杜成斌, 苑举卫. 基于 ABAQUS 的粘弹性边界单元及在重力坝抗震分析中的应用［J］. 世界地震工程, 2010, 26（3）: 127–132.

［12］宋乩. 地铁轨道结构的隔振性能研究［D］. 上海: 同济大学, 2008.

［13］高广运, 王非, 陈功奇, 等. 轨道交通荷载下饱和地基中波阻板主动隔振研究［J］. 振动工程学报, 2014, 27（3）: 433–440.

［14］刘心成. 地铁车辆—轨道—隧道系统振动特性的建模方法对比研究［D］. 北京: 北京交通大学, 2018.

［15］王滢, 赵彩清, 高盟, 等. 矩形管波阻板对饱和地基中列车振动的隔振性能研究［J］. 地震工程与工程振动, 2023, 43（1）: 229–238.

［16］高广运, 何俊锋, 李宁, 等. 饱和地基上列车运行引起的地面振动隔振分析［J］. 岩土力学, 2011, 32（7）: 2191–2198.

［17］边学成, 陈云敏, 胡婷. 基于 2.5 维有限元方法模拟高速列车产生的地基振动［J］. 中国科学（物理学力学天文学）, 2008, 38（5）: 600–617.

［18］梁波，罗红，孙常新. 高速铁路振动荷载的模拟研究［J］. 铁道学报，2006，28（4）：89–94.

［19］LU J F. A half-space saturated poro-elastic medium subjected to a moving point load［J］. International Journal of Solids and Structures, 2007, 44（2）：573–586.

［20］高广运，何俊锋，杨成斌，等. 2.5 维有限元分析饱和地基列车运行引起的地面振动［J］. 岩土工程学报，2011，33（2）：234–241.

第 5 章

Duxseal-WIB 联合隔振的工程应用实例

5.1 概　述

试验和理论计算表明，Duxseal 和 WIB 在隔振性能上具有良好的互补性，Duxseal 填充多孔波阻板形成复合屏障改善了 Duxseal 和 WIB 在隔振性能上的不足，提高隔振效率。高盟课题组将 Duxseal-WIB 复合屏障用于高速列车、地铁列车等交通荷载诱发的地基振动隔振，取得了良好的隔振效果。

本章介绍 Duxseal-WIB 复合屏障在济青高速铁路工程隔振中的应用，Duxseal 填充蜂窝混凝土屏障在青岛地铁 13 号线工程隔振中的应用，Duxseal-WIB 埋置轨道下方及 Duxseal 填充隧道衬砌联合隔振青岛地铁工程隔振中的应用。

5.2　Duxseal-WIB 联合屏障在高速铁路隔振中的应用

济青高速铁路青岛市某段路基经过某实验大楼，与路基中心的最小距离 8.6 m，路基及地基土层物理力学参数分别见表 5.1 和表 5.2。实验仪器对室内环境振动的要求：振动频率应小于 220 Hz，加速度小于 2.50×10^{-4} m/s^2。计算预测室内环境振动频率 264 Hz，最大加速度为 4.00×10^{-4} m/s^2，不能满足实验仪器对环境振动的要求，须做减（隔）设计减小振动以保证实验仪器的正常使用。由于实验大楼距离路基较近，空沟、填充沟及排桩等隔振屏障需要开挖施工会影响实验大楼的安全，不适合采用。经论证，最终采用轨道下方设置 Duxseal-WIB 屏障的技术方案。

表 5.1　路基土层参数

地层	类型	厚度 / m	密度 /（kg·m⁻³）	杨氏模量 / MPa	泊松比
①	基床的表层	0.4	1900	130	0.32
②	基床的底层	2.3	1940	95	0.35
③	基床下	2.15	1910	48	0.31

表 5.2　地基土层参数

地层	厚度 / m	密度 /（kg·m⁻³）	杨氏模量 / MPa	泊松比
1	2.8	1850	20	0.32
2	1.2	1893	28	0.31
3	3.5	1958	33	0.29
4	1.2	1894	45	0.31
5	6.5	1987	50	0.29
6	4.8	2000	60	0.25

5.2.1　Duxseal-WIB 隔振屏障设计

Duxseal-WIB 复合屏障如图 5.1 所示，由 Duxseal 阻尼材料填充多孔波阻板形成复合隔振屏障。预制波阻板块，C25 混凝土，尺寸 3000 mm × 1800 mm × 500 mm，孔径 300 mm，孔间距为 600 mm。Duxseal 材料参数见表 2.1，屏障设置于路堤土层②和土层③之间，沿路堤纵向设置 24.0 m，即超过实验大楼长度 20.0 m。

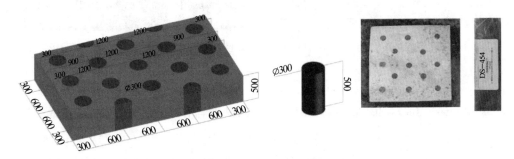

图 5.1　Duxseal-WIB 三维尺寸示意图（单位：mm）

5.2.2　Duxseal-WIB 复合屏障隔振效果分析

为监测 Duxseal-WIB 复合屏障的隔振效果，高速铁路运行后在实验大楼内一层地面及室外沿垂直路堤方向安设测点，如图 5.2 所示。同时在无屏障段距路堤相同距离处安设测点。

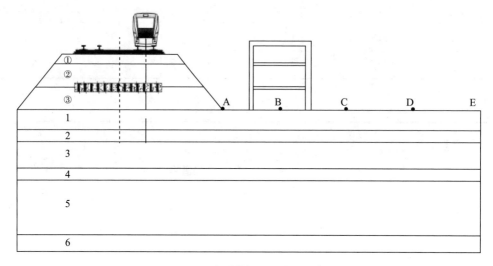

图 5.2　隔离系统概况及监测点布置

图 5.3 为高盟课题组在现场实测，测得列车运行速度 250 km/h 时，实验大楼一层地面及无屏障段对应位置的 X、Y、Z 3 个方向的振动加速度频谱曲线如图 5.4 至图 5.6 所示。

图 5.3　测振现场

由频谱曲线可知，在无复合屏障段测点 X、Y、Z 方向的振动加速度峰值分别为 1.52×10^{-4} m/s^2、6.21×10^{-4} m/s^2 和 2.63×10^{-4} m/s^2。设置屏障后，实验大楼一层地面测点 X、Y、Z 方向的振动加速度峰值分别为 0.96×10^{-4} m/s^2、3.78×10^{-4} m/s^2 和 1.45×10^{-4} m/s^2。相较于无屏障段，设置隔振屏障的实验大楼一层地面 X、Y、Z 方向加速度峰值分别减小了 36.8%、39.0% 和 44.9%。振动主频方面，设置复合屏障段实验大楼一层地面测点 X 方向 3 个振动主频分别为 33~48 Hz、100~120 Hz 和 194~210 Hz，均低于无屏障段相应测点的 37~53 Hz、117~140 Hz 和 223~242 Hz。Y 方向设置屏障后实验大楼一层地

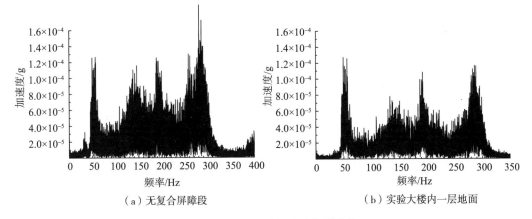

（a）无复合屏障段　　　　　　（b）实验大楼内一层地面

图 5.4　X 方向振动加速度频谱曲线

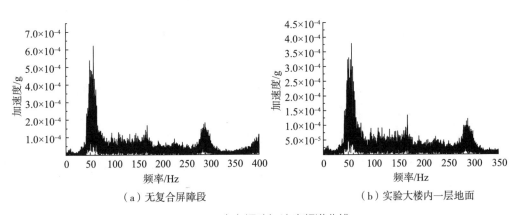

（a）无复合屏障段　　　　　　（b）实验大楼内一层地面

图 5.5　Y 方向振动加速度频谱曲线

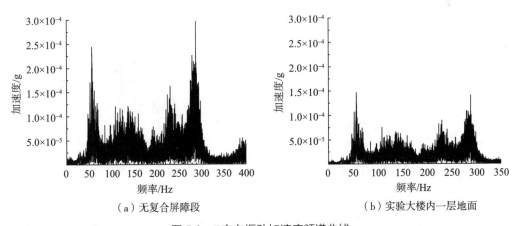

（a）无复合屏障段　　　　　　（b）实验大楼内一层地面

图 5.6　Z 方向振动加速度频谱曲线

面测点的主导频率为 33~47 Hz，低于无隔振屏障段相应测点的主导频率 38~53 Hz。在 Z 方向，设置屏障段实验大楼一层地面测点的优势频率为 37~46 Hz 和 182~209 Hz，也低于无隔振屏障段相应测点的优势频率 44~55 Hz 和 231~254 Hz。显然，设置复合屏障的实验大楼一层地面振动加速度峰值和振动主导频率均大幅降低，且加速度峰值和振动主频均小于实验仪器对环境振动要求的 2.50×10^{-4} m/s² 和 220 Hz，达到了隔振目标。

5.3　Duxseal-WIB 复合屏障在地铁振动控制中的应用

青岛地铁 1 号线石油大学站至井冈山路站区间南侧为石油大学、多元商城，北侧为建国大厦、长江中心等部分临街商埠，靠近太行山路站北侧为瑞源茗嘉城小区，南侧为中石化加油站（水平距离区间约 45 m，油库距离区间结构约 70 m）。且太行山路站至井冈山路站区间正上方存在物业开发，开发面积 36950 m²，距离区间主体结构 3.7~7.3 m。区间距离加油站油库及建筑物较近，对地铁列车运行产生的振动较为敏感，须采取隔振措施对振动进行控制。由于该区间内建筑物密集，空间狭小，空沟、填充沟、排桩等屏障不能满足施工空间的要求。经计算分析，最终采用轨道下方设置 Duxseal 填充蜂窝混凝土的隔振技术方案。

5.3.1　Duxseal 填充蜂窝混凝土复合屏障设计

预制蜂窝混凝土，C25，标准养护 28 d 后填充 Duxseal（Duxseal 材料参数见表 2.1），设置于轨道下方 20 cm 处，如图 5.7 所示。

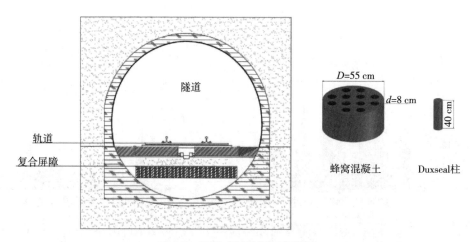

图 5.7　双层水泥柱平面布置图

5.3.2　Duxseal 填充蜂窝混凝土隔振效果分析

地铁列车运行后，在隧道内设置复合屏障段和无复合屏障段安设测点，对 Duxseal

填充蜂窝混凝土复合屏障的隔振效果进行分析评价。测点布置见图 5.8。

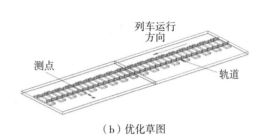

（a）场址布局　　　　　　　　　　（b）优化草图

图 5.8　监测点的现场部署

　　在列车正常运行条件下，测得设置复合屏障段及无复合屏障段测点 X、Y、Z 方向振动加速度频谱曲线如图 5.9 至图 5.11 所示。

　　由频谱曲线可以看出，在无复合屏障段测点 X、Y、Z 方向上振动加速度峰值分别为 1.7×10^{-4} m/s^2、3.96×10^{-4} m/s^2 和 2.32×10^{-4} m/s^2。设置屏障后隧道内地面测点 X、Y、Z 方向得出振动加速度峰值分别为 1.4×10^{-4} m/s^2、2.76×10^{-4} m/s^2 和 1.56×10^{-4} m/s^2。相较于无复合屏障段，设置复合屏障的隧道地面在 X、Y、Z 方向加速度峰值分别减少了 18%、30% 和 33%。在振动主频方面，设置复合屏障的隧道地面测点 X 方向 3 个振动主频分别为 36.95~44.03 Hz、84.66~110.50 Hz 和 183~211 Hz，均低于无复合屏障段相应测点的 44.02~62.19 Hz、124.66~158.17 Hz 和 269.50~309.86 Hz。Y 方向设置复合屏

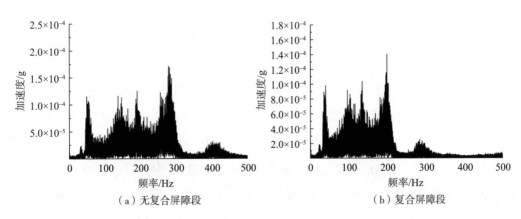

（a）无复合屏障段　　　　　　　　　　（b）复合屏障段

图 5.9　X 方向振动加速度频谱曲线

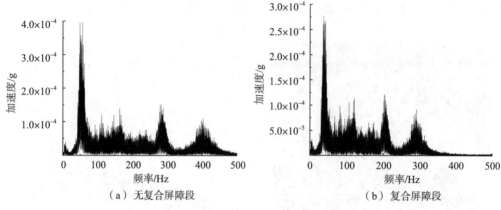

（a）无复合屏障段　　　　　　　　　　　（b）复合屏障段

图 5.10　Y 方向振动加速度频谱曲线

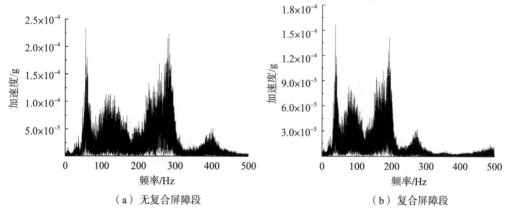

（a）无复合屏障段　　　　　　　　　　　（b）复合屏障段

图 5.11　Z 方向振动加速度频谱曲线

障后隧道地面测点的主导频率为 29.67~48.97 Hz，低于无隔振屏障段相应测点的主导频率 40.34~64.83 Hz。在 Z 方向，设置复合屏障段的隧道地面测点的优势频率为 28.04~48.86 Hz 和 181.74~197.20 Hz，也低于无隔振屏障段相应测点的优势频率 48.46~68.26 Hz 和 270.23~292.32 Hz。显然，设置复合屏障的地铁隧道地面振动加速度峰值和振动主导频率均大幅降低。

　　为进一步评价地铁列车运行诱发的环境振动问题，将频谱曲线转化为 1/3 倍的频谱曲线（图 5.12）。如图 5.12 所示，在无复合屏障段的地铁隧道地面测点加速度峰值在频率为 50 Hz 时，沿 Y 方向最大加速度为 2.32×10^{-3} m/s²。在频率为 250 Hz 时，沿 Z 方向的最大加速度为 2.0×10^{-3} m/s²。在设置复合屏障的地铁隧道地面在频率为 40 Hz 和 200 Hz 处有两个加速度峰值，分别为沿 Y 轴的最大加速度 1.70×10^{-3} m/s² 和沿 Z 轴的最大加速度 1.12×10^{-3} m/s²。由图 5.12 可知，相较于无屏障段，设置复合屏障地铁

隧道地面在 Y 和 Z 方向加速度峰值分别减少了 27% 和 44%。此外，沿 X、Y 和 Z 方向的振动主频均有所降低。这与加速度频谱曲线的结果一致。验证了设置复合屏障对地铁振动阻尼特性有无可争议的巨大影响。

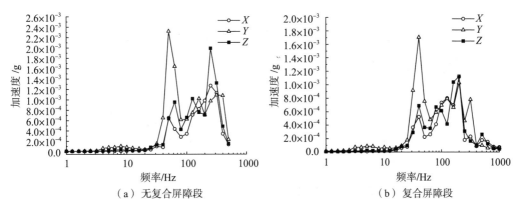

（a）无复合屏障段   （b）复合屏障段

图 5.12   有无埋置蜂窝状 Duxseal- 水泥柱时 1/3 倍加速度频谱曲线

图 5.13 为青岛地铁振动水平的平均值。由图可知，设置复合屏障段与未设置屏障段的隧道地面测点最大振动水平均出现在主导频率处。如图 5.13（a）所示，无复合屏障段在频率为 50 Hz 和 250 Hz 处有两个峰值，分别为沿 Y 方向的最大振动水平 87.33 dB 和沿 Z 方向的最大振动水平 85.99 dB。如图 5.13（b）所示，设置复合屏障段的地铁隧道地面测点，在主导频率为 40 Hz 和 200 Hz 处，具有沿 Y 方向的最大振动水平 67.19 dB 和 63.42 dB，则在设置复合屏障后，青岛地铁隧道的最大振动水平减少了 23% 和 26%。此外，未加减振材料的振动水平超过中国环境标准，而加减振材料的振动水平略低于中国环境标准。根据中国《城市环境振动标准》（GB 10070—1988），城

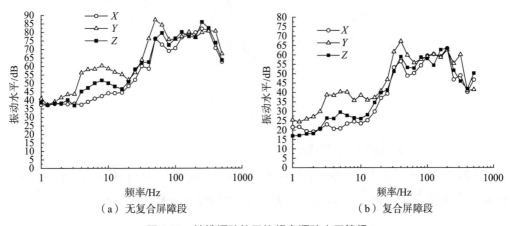

（a）无复合屏障段   （b）复合屏障段

图 5.13   地铁振动的平均频率振动水平等级

市普通商住小区的昼夜垂直振动水平标准上限分别为 75 dB 和 72 dB。然而，在没有采取缓解措施的情况下，最大振动水平接近 90 dB，对乘客和周围居民造成了严重的物理影响。因此，设置复合屏障对青岛地铁进行减振和隔振是有效的，也是必然的。

5.4 Duxseal 填充隧道衬砌复合屏障在地铁振动控制中的应用

青岛地铁 1 号线人民广场站至衡山路站由人民广场站引出后，沿长江东路向东敷设，下穿丁家河桥，途径丁家河小区、青岛理工大学、福瀛大厦、长江新苑小区、福瀛天麓湖小区、鸿润金汇泉商务中心等建（构）筑物，穿过长江东路与衡山路十字路口后，最终到达衡山路站。区间距离周边建构筑距离较近且多为城市居民住宅区，对振动较为敏感，须进行隔振设计以减小振动。

5.4.1 Duxseal 填充隧道衬砌复合屏障设计

该段区间采用盾构法施工，衬砌结构为预制混凝土管片。为降低隔振成本，充分利用预制混凝土衬砌，选择 Duxseal 填充预制混凝土管片形成复合屏障的隔振技术方案，如图 5.14 所示。定义 Duxseal 填充率为填充体积与管片总体积之比，本设计的 Duxseal 填充率为 15.2%。

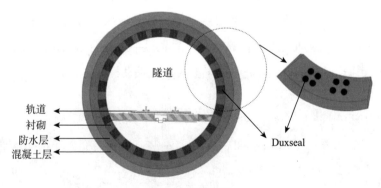

轨道
衬砌
防水层
混凝土层
隧道
Duxseal

图 5.14　隧道断面

5.4.2 Duxseal 填充隧道衬砌复合屏障隔振效果分析

为评价 Duxseal 填充衬砌管片复合屏障的隔振效果，在隧道内设置填充屏障段和无填充屏障段布设测点，如图 5.15 所示。地铁列车为 B1 型地铁列车，6 节车厢，SDB-80 转向架，最大轴重 16 t，速度 65 km/h。

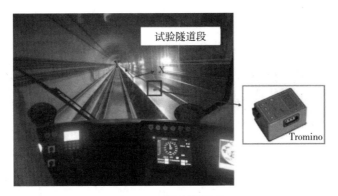

图 5.15　振动测量图

测得填充屏障段和无填充屏障段测点的 X、Y 和 Z 方向振动加速度时程曲线如图 5.16 和图 5.17 所示。

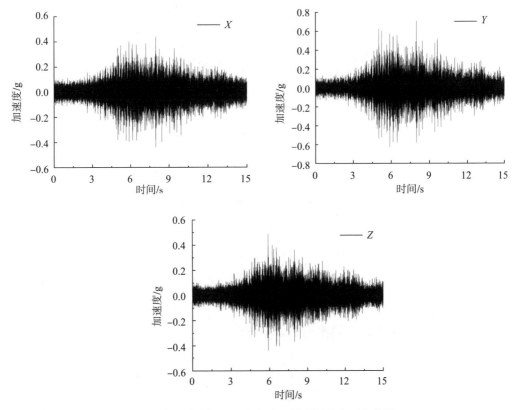

图 5.16　无填充隧道衬砌复合屏障段加速度时程曲线

如图 5.17 所示，无填充隧道复合屏障段在 X、Y 和 Z 方向上的最大加速度分别为 0.369 m/s^2、0.687 m/s^2 和 0.558 m/s^2，在充填隧道衬砌复合屏障段，X、Y 和 Z 方向上的最大加速度分别为 0.219 m/s^2、0.315 m/s^2 和 0.201 m/s^2，与无充填隧道衬砌复合屏障相

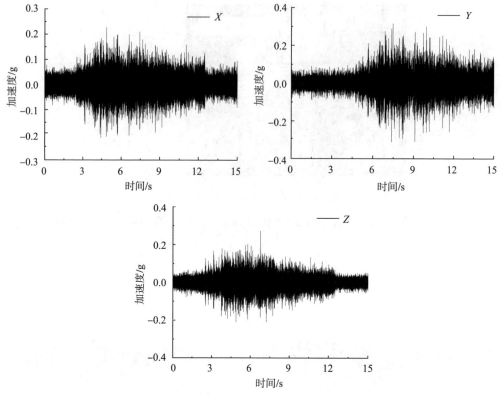

图 5.17　填充隧道衬砌复合屏障段加速度时程曲线

比较，3 个方向上的加速度分别减少了 40.5%、55.1% 和 64.3%。对 100 辆列车通过测点的加速度极值进行统计分析，得两个测点加速度极值的样本均值和标准差如表 5.3 所示。由表 5.3 可知，100 趟列车测试数据的加速度峰值的标准差较小，这说明测试数据较为稳定。然而，从两种衬砌标准差数据来看，充填隧道衬砌复合屏障的地面的振动加速度的标准差远小于无充填复合屏障隧道衬砌，显然设置隧道衬砌复合屏障的隔振效果比较均衡，数据起伏不大。这是由于 Duxseal 材料优异的隔振性能，它吸收了移动地铁列车荷载引起的压缩波和横波的能量，有效地降低了 X、Y 和 Z 方向的加速度。

表 5.3　100 辆列车经过时振动加速度（m/s²）极值的统计

测量点	参数	X 方向	Y 方向	Z 方向
传统衬砌	平均值	0.369	0.637	0.508
	标准差	0.058	0.107	0.094
Duxseal-衬砌	平均值	0.279	0.355	0.271
	标准差	0.038	0.048	0.032

对两种类型的衬砌，100 趟车数据做频数分析，加速度峰值频数图用高斯概率密度曲线进行拟合，如图 5.18 至图 5.19 所示。高斯概率密度函数表达式为：

$$y = y_0 + A e^{\frac{(x-x_c)^2}{2\omega^2}}\qquad(5-1)$$

式中 $A=1/\omega\sqrt{2\pi}$；x_c 为平均值；ω 为标准差。

$$极限加速度 = \max|a(t)|\qquad(5-2)$$

式中 $a(t)$ 为加速度时程。

由图 5.18 至图 5.19 可知，在填充隧道衬砌复合屏障段，数据分布更为集中，离散数据较少。由表 5.4 的数据和图 5.18 至图 5.19 可知，尽管 100 趟车的车速不同，一天的客运量也存在差异，加速度均值受干扰的因素较多，但数值都集中在均值附近，与拟合的高斯分布曲线较吻合，证明通过 100 趟车测得的加速度已能够得到测点的统计特性。

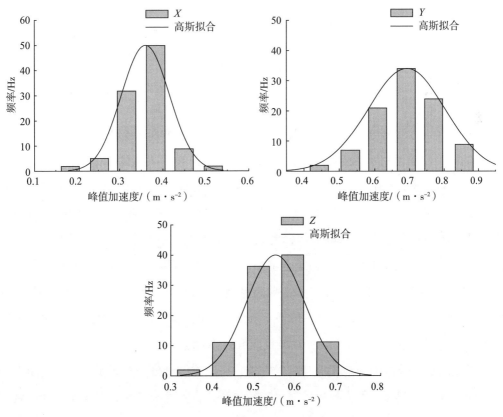

图 5.18　无填充隧道衬砌复合屏障段加速度极值频率计数

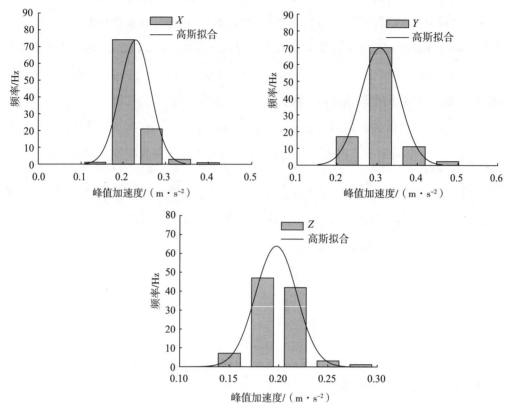

图 5.19　填充隧道衬砌复合屏障段加速度极值频率计数

图 5.20 至图 5.21 分别是无填充隧道衬砌复合屏障段和填充隧道 DX– 衬砌复合屏障段地铁振动（同图 5.16 和图 5.17 的地铁班次）频谱曲线。从频谱曲线可以发现，无填充隧道衬砌复合屏障在 X 方向的主导频率有两个，分别为 150~170 Hz 和 340~360 Hz。Y 方向的主导频率为 100 Hz 和 350 Hz，Z 方向的主导频率为 140 Hz 和 280 Hz。此外，在无填充隧道衬砌复合屏障段高频较为集中，振动能量主要在 250 Hz 以上。当列车以同样的速度进入填充隧道衬砌复合屏障段时，主导频率有所降低，振动的能量主要在 250 Hz 以下。其中，X 方向的主导频率有 3 个，分别是 100 Hz、180~190 Hz 和 350~370 Hz。填充隧道衬砌复合屏障段 Y 和 Z 方向的主频与无填充隧道衬砌复合屏障段大致相同，但是可以明显发现振动能量向低频移动的特征。

通过对比两种衬砌的地基振动可以发现，振动的能量分布和频率与传播介质有着直接的关系。由于在混凝土衬砌填充了较软的介质，弹性模量大，混凝土较硬，弹性

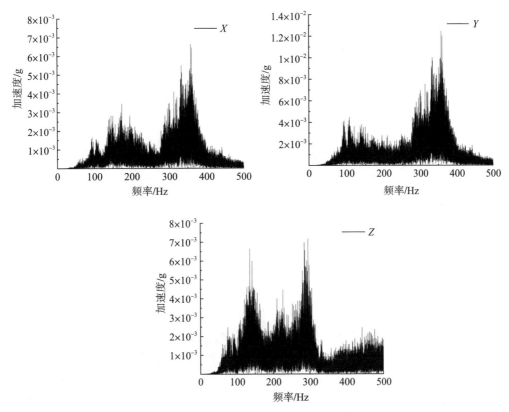

图 5.20 普通衬砌截面处振动加速度频谱曲线

模量小。从以往的研究中可以发现，这是由于两者之间存在刚度比的原因。

为了评价无填充隧道衬砌复合屏障段和填充隧道衬砌复合屏障段地铁的环境振动，在傅里叶频谱曲线的基础上通过计算得到了 1/3 倍频谱曲线图。根据 Esveld 提出的式为：

$$L = 20\lg(p_1 - p_2) \tag{5-3}$$

式中 L 为振动水平，p_1 为每 1/3 倍频带的有效加速度值（m/s^2），p_2 为加速度标准值（10^{-6}m/s^2）。

图 5.22 和图 5.23 为 100 辆列车通过两个试验段时 X、Y、Z 方向的振动水平。从图中可以看出，100 辆列车在各测点的振动水平都有不同程度的波动，但振动水平的峰值频率总体上是一致的。无填充隧道衬砌复合屏障段的最大振动水平为 315 Hz 和

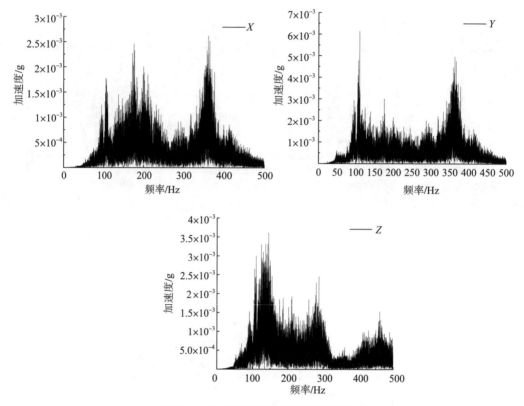

图 5.21　DX- 衬砌段振动加速度频谱曲线

160 Hz，对应的振动水平为 110 Hz。填充隧道衬砌复合屏障段的最大振动水平为 100 Hz，在该频率下振动水平为 90~100 dB。此外，在无填充隧道衬砌复合屏障段，加速度水平在 Y 和 Z 方向上的离散度较大，但填充隧道衬砌复合屏障段的离散度明显小于无填充隧道衬砌复合屏障段，说明其隔振在不同车速和重量下更为稳定。这与上述结论是一致的。

图 5.24 为在 100 辆列车荷载作用下无填充隧道衬砌复合屏障段和填充隧道衬砌复合屏障段平均振动水平。可以看出，使用 Duxseal 隔振材料后，隧道仰拱振动水平明显降低，最大振动水平对应的频率也有所降低。

图 5.25 为插入损失值，即使用 Duxseal 材料隔振前后隧道中测量到的平均振动水平之差。在 X 方向上，在 0~80 Hz 频率范围内插入损耗约为 5 dB，在 80~100 Hz 频率范围内最大插入损耗为 5~8 dB。当频率高于 100 Hz 时，插入损耗为 3~5 dB，表明隔

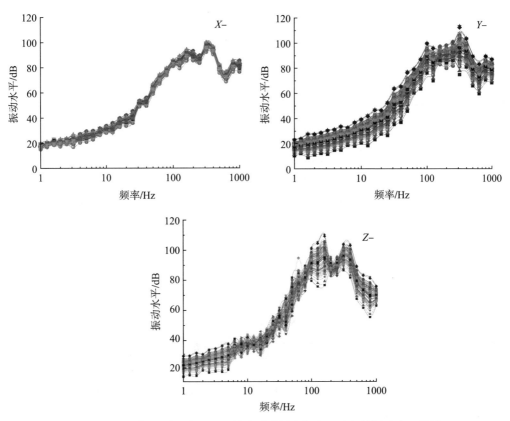

图 5.22　100 辆地铁列车经过无填充隧道衬砌复合屏障段的振动水平曲线

离效果下降。在 Y 方向上，当频率低于 10 Hz 时，隔离效果较好，插入损耗为 7~10 dB。10 Hz 以上的减振水平一般小于 7 dB。低频隔振效果优于高频隔振效果。其原因是由 Duxseal 与混凝土组成的人工复合材料可视为周期性复合介质，即声子晶体。根据声子晶体理论，弹性波在周期性弹性复合介质（声子晶体）中传播时，由于其内部结构的影响，会阻止弹性波在一定频率范围（带隙）内传播，而本实验的带隙约为 0~100 Hz。因此，Duxseal 在 0~100 Hz 的低频隔振效果较好。

　　人体对不同方向上不同频率的振动很敏感。振动标准［《城市环境振动标准》（GB 10070—1988）］采用 Z 振动等级作为评价指标。由图 5.25 可以看出，在低频率（0~10 Hz）下，Z 方向的插入损耗为 6~10 dB，性能优异。插入损耗一般随频率的增加而减小，最小值为 3 dB。

　　根据《城市轨道交通建筑振动及二次噪声限值及测量方法》（JGJ/T 170—2009），

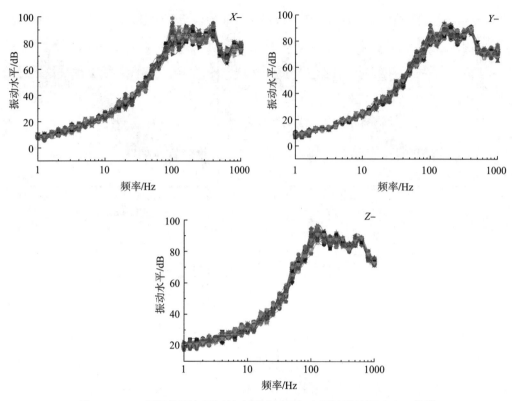

图 5.23　100 辆地铁列车通过填充隧道衬砌复合屏障段的振动水平曲线

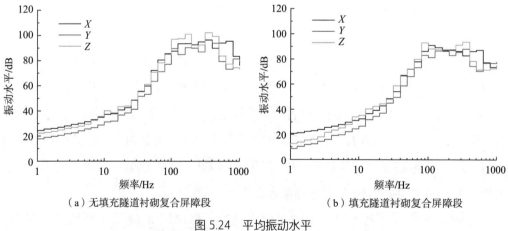

（a）无填充隧道衬砌复合屏障段　　　　　（b）填充隧道衬砌复合屏障段

图 5.24　平均振动水平

权重因子对 Z 方向的振动级别进行修正，即可得到各中心频率的振动级别；修正后的振动级，如图 5.26 所示。在 100 Hz 时，无填充隧道衬砌复合屏障段和填充隧道衬砌复合屏障段的最大振动水平分别为 90 dB 和 63 dB。根据中国《城市环境振动标准》（GB 10070—1988），城市一般商业和住宅垂直振动水平的标准限值为白天 75 dB，夜

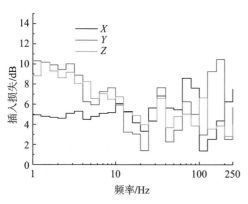

图 5.25 隔振前后的插入损耗

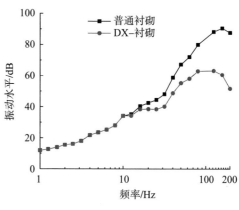

图 5.26 权重因子修正后的振动水平曲线

间 72 dB。青岛地铁 13 号线的最大振动水平约为 76 dB，影响了夜间人群的健康。采用 Duxseal 隔振措施后，该地铁线路达到了国家安全标准。

主要参考文献

［1］GAO M, TIAN S P, WANG Y, et al. Isolation of ground vibration induced by high speed railway by DXWIB: Field investigation［J］. Soil Dynamics and Earthquake Engineering, 2020,131(4): 106039.

［2］PAK R Y S, SOUDKHAH M, ABEDZADEH F. Experimental synthesis of seismic horizontal free-field motion of soil in finite-domain simulations with absorbing boundary［J］. Soil Dynamics and Earthquake Engineering, 2011, 31（11）: 1529-1539.

［3］GAO M, XU X, CHEN Q, et al. Reduction of metro vibrations by honeycomb columns under the ballast: Field experiments［J］. Soil Dynamics and Earthquake Engineering, 2020, 129(2): 105913.

［4］GAO G Y, CHEN J, YANG J, et al. Field measurement and FE prediction of vibration reduction due to pile-raft foundation for high-tech workshop［J］. Soil Dynamics and Earthquake Engineering, 2017, 101(10): 264-268.

［5］ZHANG ZHI SONG, MENG G, JIAN S, et al. Duxseal as backfill material for subway lining to mitigate railway vibrations: Field experiments［J］. Transportation Geotechnics, 2021, 30(9):100607.

［6］ESVELD C. Modern Railway Track［M］. Zaltbommel: MRT-Production, 2001: 459.

［7］FUJIWARA T, MEIARASHI S, NAMIKAWA Y, et al. Reduction of equivalent continuous A-weighted sound pressure levels by porous elastic road surfaces［J］. Applied Acoustics, 2005, 66(7): 766-778.

第6章

周期结构波阻板的带隙特性

6.1 概　述

　　试验和工程应用证明，Duxseal–WIB 复合屏障的隔振性能较 WIB 有明显改善，提高了振动控制范围，克服了隔振频带窄且仅对低频振动有隔振效果的技术瓶颈，但是仍然无法实现对特定频率振动波的隔离。且由于工程环境中振源诱发的振动频率范围往往高、中、低频均有分布，显然目前的隔振技术已不能满足日益严格的隔振需求。为实现对目标频率振动的隔离，高盟课题组根据声子晶体带隙理论，提出了一种周期结构的波阻板，英文名称为 periodic structural wave impeding block，简写为 PSWIB，如图 6.1 所示。

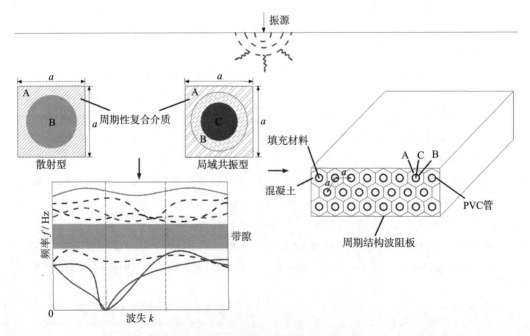

图 6.1　周期结构波阻板（PSWIB）示意图

图中：A，B，C 分别代表基体、散射体和填充体；a 为周期常数即晶格单元尺寸。

本章首先介绍二维周期结构波阻板的带隙特性，包括带隙计算、二维频响曲线分析、二维带隙形成机理及影响因素。随后介绍三维周期结构波阻板的带隙特性，包括三维周期模型与带隙计算、三维频响曲线分析、三维带隙形成机理及影响因素分析。

6.2 二维周期结构波阻板的带隙特性

6.2.1 带隙计算

（1）二维周期结构波阻板设计

根据周期结构设计的特性，将传统波阻板周期化设计，沿传统波阻板长度方向平行嵌入两排组元材料，其中组元材料在波阻板中以均匀排列或交叉排列两种方式排布。因仅在 x、y 两个维度上周期性排布，故称之为二维周期结构波阻板。图6.2 为二维周期结构波阻板的排布示意图，其中虚线隔断的单元为一个周期结构原胞，原胞结构在基体中排布方式为正方形和三角形两种。

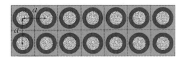 

（a）正方形排布　　　　　　　（b）三角形排布

图 6.2 周期结构波阻板排布示意图

图6.3（a）、（b）分别为正方形排布下的正方形基本单元和三角形排布下的六边形基本单元。其中，A 为基体材料，即波阻板；B、C 分别为组元材料包覆层和填充材

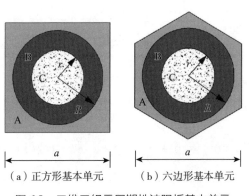

（a）正方形基本单元　　　　　　（b）六边形基本单元

图 6.3 二维三组元周期性波阻板基本单元

料；a 为周期常数，即每个单胞结构之间的布置周期；R 和 r 分别为包覆层材料外半径和内半径。基体材料、包覆层和填充材料分别为混凝土、硅橡胶和粉质黏土，具体材料参数见表 6.1。

表 6.1　材料参数

材料名称	材料密度 /（kg · m⁻³）	材料弹性模量 / GPa	泊松比 ν
基体材料	2500	30	0.3
包覆层材料	1300	1.175×10^{-4}	0.469
填充材料	2023	0.289	0.313

图 6.4（a）和（b）分别为周期结构波阻板正方晶格和六角晶格所对应的第一布里渊区，蓝色部分为不可约布里渊区，M、Γ、X 为边界上的高对称点。为确定周期结构的带隙频率范围，考虑到周期结构的对称特性，在计算周期结构波阻板的带隙时，只取原胞结构且任意波矢 k 仅沿着不可约布里渊区边界 $\Gamma \sim X \sim M \sim \Gamma$ 取值。

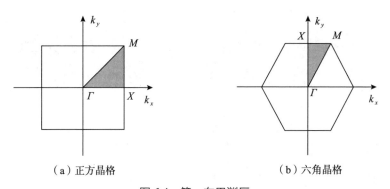

（a）正方晶格　　　　　　　　（b）六角晶格

图 6.4　第一布里渊区

（2）带隙计算

假设材料为连续、各向同性、完全弹性和小变形材料，在不考虑阻尼等情况下，弹性波的控制方程为：

$$\rho(r)\frac{\partial^2 u}{\partial t^2} = \nabla\left\{\left[\lambda(r) + 2\mu(r)\right](\nabla \cdot u)\right\} - \nabla \times \left[\mu(r)\nabla \times u\right] \tag{6-1}$$

式中，r 为坐标向量；u（r）为位移；ρ（r）、μ（r）为 Lamé 常数；∇ 是拉普拉斯运算符。

基于周期结构带隙理论，方程（6-1）中位移满足 Bloch 定理

$$u(r, \ t) = \mathrm{e}^{i(k \cdot r - \omega t)} u_k(r) \qquad (6\text{-}2)$$

式中，k 为波矢，仅在第一 Brillouin 内取值；ω 为角频率；$u_k(r)$ 为波的振幅。理想周期结构具有平移周期性，满足：

$$u_k(r+a) = u_k(r) \qquad (6\text{-}3)$$

将方程（6-3）代入方程（6-2），可得周期边界条件：

$$u(u+a, \ t) = \mathrm{e}^{ika} u(r, \ t) \qquad (6\text{-}4)$$

将边界条件代入运动控制方程（6-1），可得：

$$\left[\Omega(k) - \omega^2 \mathbf{M} \right] \cdot u = 0 \qquad (6\text{-}5)$$

式中，Ω 为刚度矩阵；$\mathbf{M}$ 为单位单元的质量方程；波动方程由此转换为特征值方程。

为得到周期结构的频带曲线，将波矢 k 遍历第一布里渊区，可得到与任意波矢 k 对应的角频率 ω。以二维声子晶体理论模型为本征方程，对具体的材料参数（密度、Lamé 常数）和结构尺寸（单个原胞），求解本征方程的特征值；当改变波矢 k，并仅在不可约布里渊区边界上取值时，所得特征值与波矢 k 之间的关系曲线即为带隙；当波矢 k 遍及不可约布里渊区的不同边界时都没有能带存在的频率区域称为完全带隙区域。

对周期结构波阻板原胞进行有限元离散，沿 x、y 两个方向设置 Floquet 周期性边界条件，并进行网格划分，如图 6.5（a）、（b）所示。模型尺寸 $a=0.3\ \mathrm{m}$、$R=0.14\ \mathrm{m}$、$r=0.12\ \mathrm{m}$，材料参数见表 6.1。

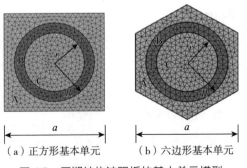

（a）正方形基本单元　　　　（b）六边形基本单元

图 6.5　周期结构波阻板的基本单元模型

仅对不可约布里渊区的 $M\text{\textasciitilde}\Gamma\text{\textasciitilde}X\text{\textasciitilde}M$ 边界进行参数化扫描。波矢 k 与特征频率的对

应关系曲线，即为整个二维周期结构波阻板的带隙。

图 6.6 为带隙计算结果，图中 x 轴波矢 0~1、1~2、2~3 与理论计算图中波矢 $M~\Gamma$、$\Gamma~X$、$X~M$ 相对应。周期结构波阻板在正方形排布方式的排布下，有限元法所得带隙频率范围为 61~92 Hz，带隙宽 31 Hz；在三角形排布下，所得带隙频率范围为 61~105 Hz，带隙宽 44 Hz。由于周期结构的带隙对弹性波具有抑制作用，对应带隙频率范围的弹性波不能通过继续传播。因而传统波阻板经周期化设计后隔振频率及频宽均有所提高，不仅对低频范围隔振较好，而且使频带较窄的不足得到改善，振动控制性能明显加强，对隔离轨道交通产生的敏感频率段振动具有重要的指导意义。此外，当周期结构波阻板以三角形排布方式排布时，所得带隙频率范围更宽，隔振性能更强，因此在实际工程设计应用时，可以把三角形排布方式作为首选。

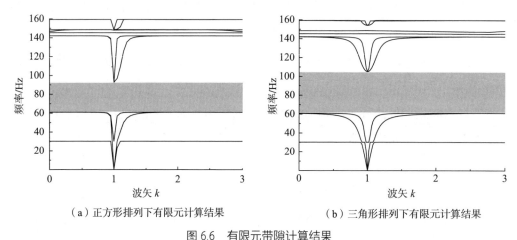

（a）正方形排列下有限元计算结果　　　　（b）三角形排列下有限元计算结果

图 6.6　有限元带隙计算结果

6.2.2　二维频响曲线分析

无限周期结构组元材料沿轴向无限长，沿 xOy 平面无限分布。但在实际工程中周期结构波阻板并不能以无限周期的形式存在。为了尽可能与实际工程接近，可在有限周期结构边界施加辐射边界，如图 6.7 所示。分别建立正方形和三角形两种结构，采用频率响应函数分析其带隙特性及振动衰减变化规律。

波阻板结构、材料参数均与无限周期结构保持一致；沿 x 方向布置 7 个周期，沿 y 方向布置 2 个周期；沿模型一侧 y 方向施加单位位移激励；在 P_1、P_2 处布置域点探针，用于计算输入端位移激励和输出端位移响应；在结构两端施加完美匹配层（PML），以吸收多余振动波，避免在边界上反射而影响结果的正确性；为保证较好的计算精度，以 0.05 Hz 为分析步长，在 0~160 Hz 进行扫描，频率响应函数为：

$$TL = 20\lg 10 \frac{|\text{ppb2}|}{|\text{ppb1}|} \tag{6-6}$$

式中，TL 为频率响应函数；ppb1 代表输入端位移激励；ppb2 代表输出端位移响应。

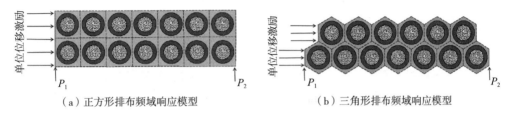

（a）正方形排布频域响应模型　　　　（b）三角形排布频域响应模型

图 6.7　有限周期结构波阻板传输模型

图 6.8 为有限周期结构波阻板的频响曲线，可以直观反映带隙对弹性波传播的衰减能力。图中阴影区域即为振动衰减区，通过该振动衰减区的弹性波被有效抑制。在正方形排布下，周期结构波阻板振动衰减区的频率为 61~91 Hz，振动衰减区内最大振幅衰减值达 53 dB；在三角形排布下，振动衰减区的频率范围为 61~105 Hz，振动衰减区内最大振幅衰减值达 65 dB。

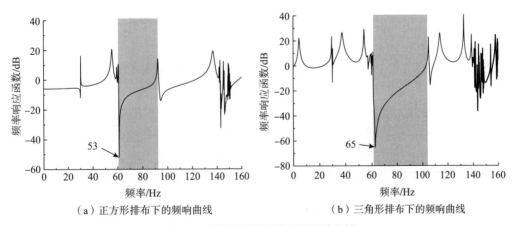

（a）正方形排布下的频响曲线　　　　（b）三角形排布下的频响曲线

图 6.8　有限周期结构波阻板频响曲线

当周期结构波阻板以三角形排布时振动衰减频率范围更大，对弹性波的传播抑制作用更强；且有限周期结构波阻板频率衰减范围和无限周期结构波阻板的带隙基本一致。相较于传统波阻板，周期结构波阻板振动衰减区的范围更广，振动衰减区内最大衰减幅值更高；其不再依靠地基土层截止频率进行隔振减振，而是通过自身振动衰减区的隔振特性对振动波进行有效的抑制衰减，突破了土层截止频率对传统波阻板的制约。

1）布置周期数对有限周期结构的影响

基于周期结构波阻板的周期特性，在计算其结构带隙时仅计算一个结构单胞便可求得整个周期结构的带隙。若结构参数和材料参数不变，单胞带隙范围一致，因此仅讨论不同布置周期数对周期结构波阻板振动衰减区的影响。

图 6.9 为正方形和三角形排布下 2×4 周期、2×6 周期、2×8 周期有限周期结构波阻板的频响曲线。其中，2 为结构层数，4、6、8 为每层布置周期数。当周期结构波阻板每层周期数不同时，振动衰减区范围不变，与带隙范围一致，但振动衰减区内最大衰减幅值发生改变。当周期结构波阻板排布方式为三角形时，不同周期数下的振动衰减区内最大衰减幅值分别为 48 dB、65 dB 和 74 dB；当排布方式为正方形时，不同周期数下振动衰减区内最大衰减幅值分别为 27 dB、47 dB 和 50 dB。因此无论是正方形排布还是三角形排布，增加每层布置周期数，振动衰减区内最大衰减幅值均逐渐增大，周期结构波阻板对振动波的控制能力和抑制水平逐渐提高。鉴于此，在实际工程设计时，在一定范围内应尽可能提高每层布置周期数。

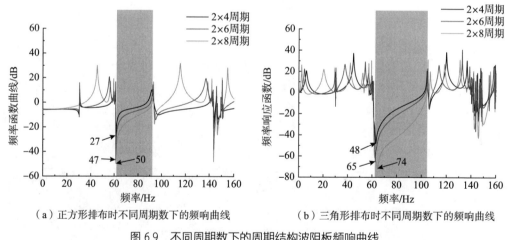

（a）正方形排布时不同周期数下的频响曲线　（b）三角形排布时不同周期数下的频响曲线

图 6.9　不同周期数下的周期结构波阻板频响曲线

2）布置层数对有限周期结构的影响

有限周期结构波阻板每层布置周期数保持不变，布置层数依次取 2 层、3 层和 4 层，研究不同布置层数对周期结构波阻板振动衰减区及最大衰减幅值的影响。

图 6.10 为不同布置层数下的周期结构波阻板频响曲线。随着布置层数的提高，振

动衰减区内最大衰减幅值发生改变。其中，当周期结构波阻板以三角形排布，布置层数分别为 2 层、3 层和 4 层时，振动衰减区内最大衰减幅值分别为 65 dB、73 dB 和 80 dB；当排布形式为正方形，布置层数分别为 2 层、3 层、4 层时，振动衰减区内最大衰减幅值分别为 39 dB、43 dB 和 57 dB。因此增加布置层数，周期结构波阻板振动衰减区内最大衰减幅值逐渐增大。

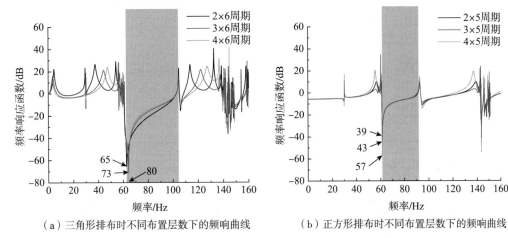

（a）三角形排布时不同布置层数下的频响曲线　　　（b）正方形排布时不同布置层数下的频响曲线

图 6.10　不同布置层数下的周期结构波阻板频响曲线

综上所述，无论是正方形排布还是三角形排布，增加二维周期结构波阻板的布置周期数及布置层数，有限二维周期结构波阻板振动衰减区范围与无限二维周期结构波阻板的带隙均保持一致，但振动衰减区内最大衰减幅值逐渐增大。因此在实际设计时，应尽可能增加二者的数量，以提高其在实际工程中的振动控制效果及性能。

6.2.3　二维带隙形成机理及影响因素分析

1）二维周期结构波阻板带隙形成机理

基于 Wang 提出的局域共振型声子晶体的简化模型，探讨周期结构波阻板带隙形成机理。

图 6.11 为二维三组元局域共振型质量简化弹簧模型。其中，k_1 代表包覆层等效刚度；m_1 为填充材料的等效质量，m_2 为基体的等效质量。周期结构波阻板带隙起始频率取决于质量弹簧单系统自身固有频率，可由公式（6-7）计算；截止频率则取决于质量弹簧质量双系统，可由公式（6-8）计算。当带隙达到截止频率时，在等效质量 m_1、m_2 及弹簧相互作用下，存在一个静止不动的位置，这个位置称为静点。

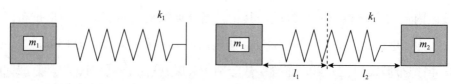

（a）起始频率对应的质量弹簧模型　　　（b）截止频率对应的质量弹簧模型

图 6.11　局域共振型带隙机理质量弹簧模型

$$f_1 = \frac{1}{2\pi}\sqrt{k_1/m_1} \qquad (6\text{-}7)$$

$$f_2 = \frac{1}{2\pi}\sqrt{k_1/m_1 + k_1/m_2} \qquad (6\text{-}8)$$

$$m_1 = m_t = \rho_1 \pi r^2 \qquad (6\text{-}9)$$

$$m_2 = m_j = \rho_2\left(a^2 - \pi R^2\right) \qquad (6\text{-}10)$$

$$k_1 = \frac{4Cr}{R-r} \qquad (6\text{-}11)$$

$$C = \lambda_1 + 2\mu_1 \qquad (6\text{-}12)$$

式中，f_1、f_2 分别表示第一完全带隙的起始频率和截止频率；m_t、ρ_1 为填充材料质量及密度；m_j、ρ_2 为基体材料质量和密度；R、r 为包覆层材料外半径和内半径；C 表示与包覆层有关的常数；λ_1 和 μ_1 为包覆层的 Lamé 常数。

　　二维周期结构波阻板的带隙与结构参数、材料参数有关，调整参数值会引起带隙的起始频率和截止频率变化。因此，采用有限元软件依次计算上述不同参数下二维周期结构波阻板的带隙，总结带隙起始频率、截止频率及宽度变化规律，并利用频率响应函数研究上述因素对有限周期结构波阻板振动衰减区影响。由于篇幅原因，周期结构波阻板的排布方式选用正方形，并采用混凝土（基体材料）的瑞利波波长 λc（$\lambda c = 20$ m）对带隙影响因素进行无量纲处理。周期结构波阻板无量纲后的结构尺寸分别为：周期常数 $a^* = a/\lambda c$，包覆层外半径 $R^* = R/\lambda c$，包覆层内半径 $r^* = r/\lambda c$。同时，以混凝土弹性模量和密度为基础，探究包覆层弹性模量、填充材料密度及基体材料密度的比值对周期结构波阻板带隙特性的影响。

　　2）周期常数 a^*

　　探讨周期常数 a^* 对二维周期结构波阻板带隙特性的影响，其中无量纲周期常数 a^* 分别为 0.015、0.0175、0.02、0.0225，其他参数保持不变。

　　图 6.12 和图 6.13 为不同周期常数 a^* 时的带隙及带隙变化规律曲线。图 6.14 为不

同周期常数 a^* 下的频率响应函数曲线。随着周期常数的增大，带隙起始频率变化幅度较小，但截止频率逐渐降低，带隙宽度随之减小。周期常数对带隙的影响较大，由局域共振型声子晶体简化模型及相应公式可知，由于周期常数 a^* 增加，等效质量 m_2 增加，截止频率减小；公式（6-7）中等效质量 m_1 不受影响，即起始频率不变，所以带隙宽度缩减。

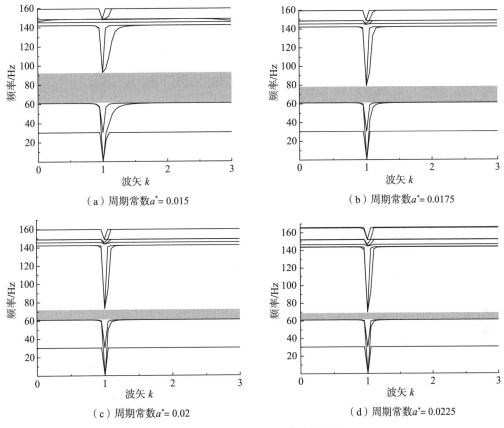

（a）周期常数 a^*= 0.015　　　　　　（b）周期常数 a^*= 0.0175

（c）周期常数 a^*= 0.02　　　　　　（d）周期常数 a^*= 0.0225

图 6.12　不同周期常数 a^* 下的带隙

如图 6.14 所示，当周期常数 $a^* \geqslant 0.015$ 时，振动衰减区的范围逐渐变窄，这与无限周期的带隙特性变化规律一致，但振动衰减区内最大振幅衰减值由 47 dB 减小到 32 dB，衰减幅值减小 15 dB，隔振效果显著降低。因此减小周期常数是提高周期结构波阻板隔振效果的可控措施之一，在实际设计时，在尺寸允许范围内，应使周期常数 $a^* \leqslant 0.015$，尽可能选择较小的周期常数，以获得较大的带隙宽度，提高隔振减振性能。

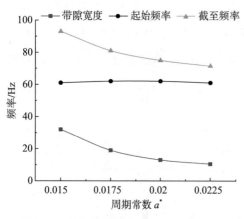

图 6.13　不同周期常数下的带隙变化规律

图 6.14　不同周期常数下的频率响应函数曲线

3）包覆层内半径 r^*

研究讨论包覆层内半径 r^* 对第一完全带隙的影响，其他参数保持不变，无量纲包覆层内半径 r^* 分别为 0.0045、0.005、0.0055、0.006。图 6.15 为不同包覆层内半径 r^*

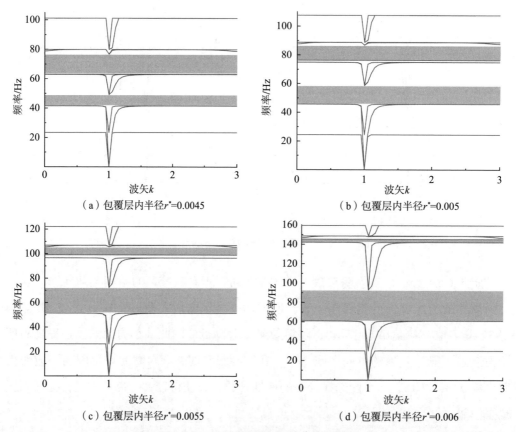

（a）包覆层内半径 r^*=0.0045

（b）包覆层内半径 r^*=0.005

（c）包覆层内半径 r^*=0.0055

（d）包覆层内半径 r^*=0.006

图 6.15　不同包覆层内半径 r^* 下的带隙

下的结构带隙图，图 6.16、图 6.17 分别为不同包覆层内半径 r^* 下的带隙变化规律及频响曲线。

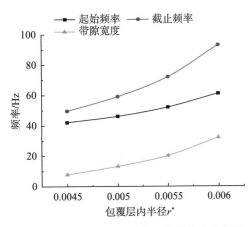

图 6.16　不同包覆层内半径下的带隙变化规律

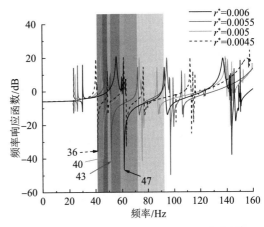

图 6.17　不同包覆层内半径下的频响曲线

随着包覆层内半径 r^* 的增加，带隙起始、截止频率及带隙宽度变化幅度较大，呈逐渐增大的趋势。这是因为增加包覆层内半径 r^*，等效质量 m_1 增加，同时等效刚度 k_1 增大。但带隙起始、截止频率均发生变化，无法判断带隙宽度变化情况，因此将公式（6-9）、公式（6-11）对内半径 r 求导，通过判断公式 r 的变化速率，讨论带隙变化情况。由 $m_t'=\rho_1 2\pi r$、$k_1'=4CR/(R-r)^2$ 可知，$k_1'>>m_t'$，等效刚度 k_1 变化速率更快，即带隙主要受等效刚度 k_1 的影响，因此起始频率与截止频率同时增加时，截止频率增加得更快，带隙宽度加宽。

当包覆层内半径 $r^* \geqslant 0.0045$ 且逐渐增大时，振动衰减区的范围逐渐增大，这与无限周期的带隙范围特性变化一致，同时振动衰减区内最大振幅衰减值由 36 dB 增加到 47 dB，提高了 11 dB，隔振性能显著提高。可见包覆层内半径 r^* 对隔振效果影响较大，因此在实际设计时可适当增大包覆层内半径 r^*，以获得较高的频率及较宽的带隙，充分覆盖目标频率段。

4）包覆层外半径 R^*

讨论不同包覆层外半径 R^* 下周期结构波阻板的带隙变化规律，无量纲包覆层外半径 R^* 分别取 0.0065、0.00675、0.007、0.00725，其他参数保持不变。图 6.18、图 6.19 分别为不同包覆层外半径 R^* 下的带隙和带隙变化规律曲线，图 6.20 为不同包覆层外半径 R^* 下的频响曲线图。

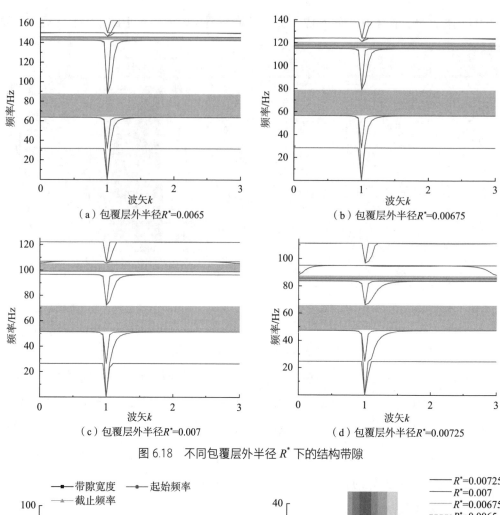

（a）包覆层外半径R^*=0.0065

（b）包覆层外半径R^*=0.00675

（c）包覆层外半径R^*=0.007

（d）包覆层外半径R^*=0.00725

图 6.18　不同包覆层外半径 R^* 下的结构带隙

图 6.19　不同包覆层外半径 R^* 下的带隙变化规律　图 6.20　不同包覆层外半径 R^* 下的频响曲线

当包覆层外半径 $R^* \geqslant 0.0065$ 且逐渐增大时，周期结构波阻板第一完全带隙变化显著，其中带隙起始频率、截止频率逐渐降低，带隙宽度随之减小。由局域共振型声子晶体模型及相应公式可知，增加包覆层外半径 R^*，减小等效质量 m_2 以及等效刚度 k_1，则等效质量 m_1 不受影响，带隙起始频率减小、截止频率也同时发生变化，但此时仍无法判断带隙起始频率与截止频率的大小。为讨论二者的变化速率，将公式（6-10）、公式（6-11）对包覆层外半径 R 求导，得 $m_1'=\rho_2（a^2-2\pi R）$、$k_1'=-4Cr/（R-r）^2$，发现等效质量 m_2 下降速度更快，即 $k_1>m_2$，截止频率减小并且下降速率更快，带隙宽度缩减。振动衰减区变化范围与无限周期结构带隙变化一致，均逐渐减小，但是最大振幅衰减值却随着外半径 R^* 的增加由 38 dB 提高到 46 dB，振幅衰减值提高 8 dB。可见包覆层半径 R^* 对隔振减振效果影响较大，因此在实际设计时应选择较小的半径 R^*，以增加带隙宽度，提高隔振范围及效率。

5）包覆层弹性模量 E

研究包覆层弹性模量 E 与基体材料弹性模量 E 的比值 E^* 对二维周期结构波阻板第一完全带隙的影响，其他参数保持不变，依次增加弹性模量 E，弹性模量比 E^* 分别为 3.82×10^{-6}、3.85×10^{-6}、3.88×10^{-6}、3.92×10^{-6}。

图 6.21、图 6.22 所示为不同弹性模量比下的带隙和带隙变化规律曲线，图 6.23 为

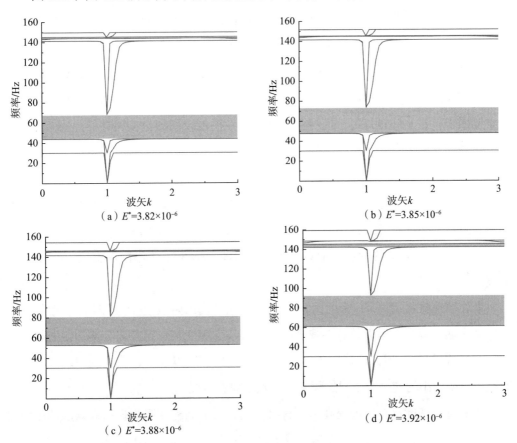

（a）E^*=3.82×10⁻⁶

（b）E^*=3.85×10⁻⁶

（c）E^*=3.88×10⁻⁶

（d）E^*=3.92×10⁻⁶

图 6.21　不同弹性模量比下的带隙

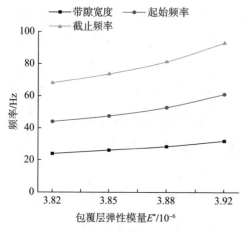

图 6.22　不同弹性模量比的带隙变化规律曲线

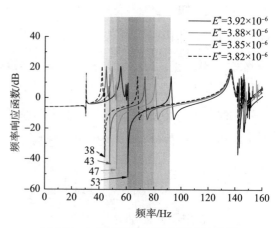

图 6.23　不同弹性模量比下的频响曲线

不同弹性模量比下有限周期结构波阻板的频率响应函数曲线。随着包覆层弹性模量增加，弹性模量比 E^* 增大，第一完全带隙起始、截止频率及宽度同时增加。这是因为增加包覆层弹性模量，与包覆层有关的参数 λ、μ 发生改变，参数 C 增大，等效刚度 k_1 变大，但是等效质量 m_1 与 m_2 不变，因此 k_1/m_1 与 k_1/m_2 均增大，从而起始频率和截止频率同时增大，但相比之下截止频率增加幅度更大，因此带隙宽度逐渐加宽。

增加包覆层弹性模量，PSWIB 振动衰减区范围逐渐增大，最大振幅衰减值由 38 dB 提高到 53 dB，增加 15 dB。因此包覆层弹性模量同样是影响周期结构波阻板带隙特性的重要因素，在实际设计时，应尽可能选择弹性模量较高的包覆层材料，从而获得较大隔振频率及带隙宽度，提高振动控制性能。

6）填充材料密度 ρ

研究填充材料密度与基体材料密度的比值对周期结构波阻板带隙特性的影响，其他参数保持不变，密度比 ρ^* 分别为 0.81、1.21、1.61、2.01。图 6.24 和图 6.25 分别为不同密度比 ρ^* 下的带隙及带隙变化规律曲线，图 6.26 为不同密度比 ρ^* 下的频响曲线。

增加填充材料密度 ρ，密度比 ρ^* 变大，周期结构波阻板第一完全带隙的起始、截止频率均逐渐减小，但起始频率减小幅度更大，带隙变宽。这是因为增加填充材料密度 ρ^*，等效质量 m_1 增大，但等效刚度 k_1 不受影响，所以起始、截止频率均减小，然而截止频率减小的速度小于起始频率，因此带隙宽度提高。

增加材料密度比 ρ^*，即提高填充材料密度，周期结构波阻板振动衰减区的范围逐渐增大，但振动衰减区内最大振幅衰减幅值却逐渐减少，由 66 dB 减少到 60 dB，隔振

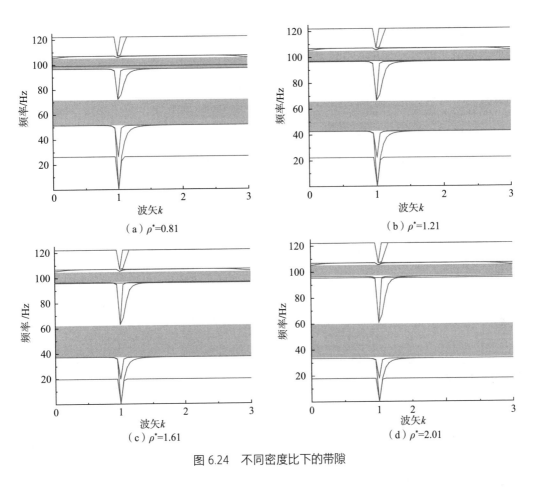

（a）$\rho^*=0.81$

（b）$\rho^*=1.21$

（c）$\rho^*=1.61$

（d）$\rho^*=2.01$

图 6.24　不同密度比下的带隙

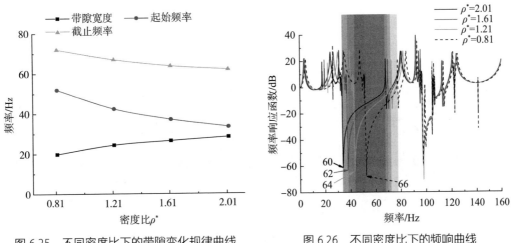

图 6.25　不同密度比下的带隙变化规律曲线

图 6.26　不同密度比下的频响曲线

性能受到影响。可见，填充材料密度对带隙频率、宽度以及隔振减振效果影响较大，在一定程度上让密度比 $\rho^* \geqslant 2.01$，可以使带隙宽度加宽，增大低频振动控制范围。

7）基体材料密度 ρ

以 C30 混凝土为基础，分析基体材料密度 ρ 与混凝土密度比值对二维周期结构波阻板带隙特性的影响，其他参数保持不变，密度比 ρ^* 分别为 0.92、1、1.08、1.16。

图 6.27、图 6.28 分别为不同密度比 ρ^* 下的带隙和带隙变化规律曲线，图 6.29 为不同密度比 ρ^* 下的频响曲线。

随着基体材料密度 ρ 的增加，密度比 ρ^* 增大，起始频率基本不变，截止频率逐渐减小，带隙宽度呈缩短趋势，可见基体材料密度 ρ 对隔振减振效果影响较大。这是因为基体密度增大时，等效质量 m_2 增加，但等效刚度 k_1 与等效质量 m_1 并不受影响，因此由公式（6-7）、公式（6-8）可知第一完全带隙起始频率不变，但截止频率减小，带隙宽度变窄。

增大基体材料密度 ρ，振动衰减区内最大振幅衰减值不受影响，均保持在 42 dB，但振动衰减区的范围逐渐缩短，隔振性能减弱。故并非基体材料密度越大隔振性能越

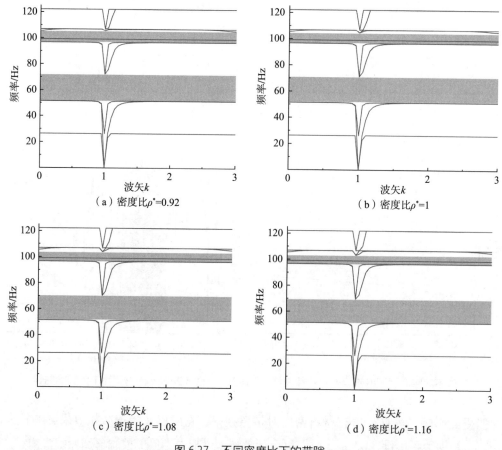

（a）密度比 ρ^*=0.92

（b）密度比 ρ^*=1

（c）密度比 ρ^*=1.08

（d）密度比 ρ^*=1.16

图 6.27　不同密度比下的带隙

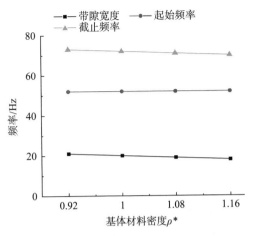

图 6.28　不同密度比下的带隙变化规律曲线

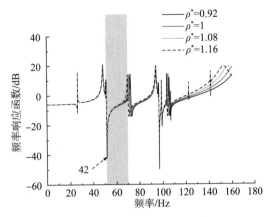

图 6.29　不同密度比下的频响曲线

好，实际设计时可以从较为经济的角度选择基体材料。

综上所述，合理设计周期常数 a^*、包覆层内外半径 r^* 和 R^*、填充材料密度 ρ、基体材料密度 ρ 及包覆层弹性模量 E 等参数，在一定程度上能够提高周期结构波阻板带隙频率值，拓宽带隙，增大振动控制范围和增强隔振性能；并且可根据实际工程需要调节带隙频率范围，获得所需带隙，进而针对隔离目标频率段以及敏感频率段，使隔振效率大大提高。

6.3　三维周期结构波阻板的带隙特性

由二维周期结构波阻板的隔振机理可知，仅能隔离 xOy 平面内的振动，而在实际工程中，振动波往往从 x、y、z 空间任意方向传播，此时二维周期结构波阻板不能满足工程精度要求。而三维周期结构沿 x、y、z 3 个方向上周期布置，可有效抑制 3 个维度上振动波的传播。

6.3.1　带隙计算

1）三维周期结构波阻板设计

根据三维声子晶体周期结构带隙特性，将波阻板进行三维三组元周期化设计，并以正方形排列，将包覆层包裹芯体材料嵌入基体材料中组成结构原胞，并沿 x、y、z 3 个维度方向上周期排布，如图 6.30 所示。

图中 A 代表基体材料为混凝土；B 和 C 分别代表组元材料包覆层和填充材料，材料分别为硫化橡胶和铜，材料参数见表 6.2。三维周期结构波阻板散射体结构（芯体 +

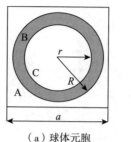 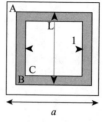

（a）球体元胞　　　（b）正方体元胞

图 6.30　三维周期结构波阻板元胞结构

包覆层）形状可以为球体或正方体，整体以体心立方结构、面心立方结构和简单立方结构作为周期点阵结构排布。图 6.31 所示为简单立方结构排布下，散射体形状为球体和正方体时的三维周期结构波阻板示意图，图 6.31（a）中 a 为散射体为正方体时的周期常数，L、l 分别为包覆层材料与填充材料边长，图 6.31（b）中 a 代表散射体为球体时的周期常数，R、r 分别为包覆层半径与填充材料半径。在定义原胞结构的相关参数（材料参数、结构参数等）中，结构参数中周期常数 a=0.2 m，包覆层内、外半径 r、R 分别为 0.06 m 和 0.08 m，包覆层内、外边长 l、L 分别为 0.12 m 和 0.16 m。

表 6.2　三维周期结构波阻板参数

材料名称	材料密度 /（kg·m⁻³）	材料弹性模量 / GPa	泊松比 ν
基体材料	2500	30	0.3
硫化橡胶	1300	1×10^{-4}	0.47
填充材料（铜）	8950	16.46	0.093

图 6.32 为三维周期结构波阻板正方形原胞对应的结构布里渊区，M、Γ、X 为边界上的高对称点。图 6.33 为采用平面波展开法计算所得带隙。

2）带隙计算

对周期结构原胞有限元离散，沿 x，y，z 3 个方向同时施加 Floquet 周期边界条件，网格划分见图 6.34。根据结构周期性，将波矢 k 沿着晶格的不可约布里渊区的 $R \sim M \sim \Gamma \sim X \sim R$ 区域进行参数化扫描，得到不同波矢 k 对应下的特征频率，即整个三维周期结构波阻板的带隙，如图 6.35 所示，在正方形布置下，当散射体为正方体时，三维周期结构波阻板所得带隙频率范围为 84~170 Hz，带隙宽度为 86 Hz；当散射体为球体时，三维周期结构波阻板所得带隙频率范围为 90~132 Hz，带隙宽度为 42 Hz。

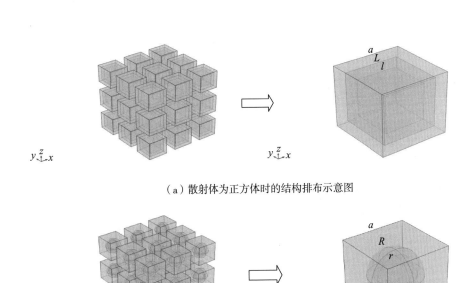

（a）散射体为正方体时的结构排布示意图

（b）散射体为球体时的结构排布示意图

图 6.31　三维周期结构波阻板排布示意图

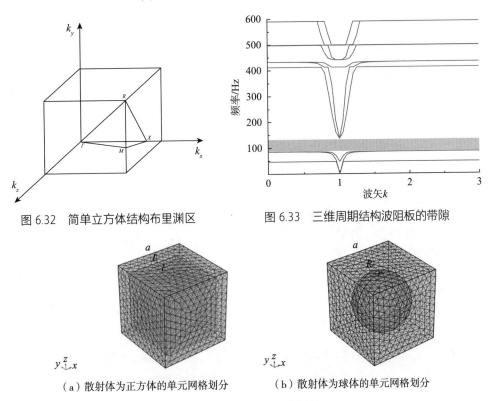

图 6.32　简单立方体结构布里渊区

图 6.33　三维周期结构波阻板的带隙

（a）散射体为正方体的单元网格划分

（b）散射体为球体的单元网格划分

图 6.34　单元结构网格划分

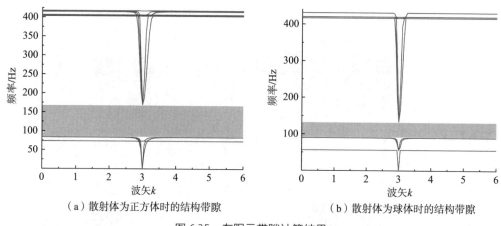

（a）散射体为正方体时的结构带隙　　　　　（b）散射体为球体时的结构带隙

图 6.35　有限元带隙计算结果

对比所得带隙频率大小及带隙宽度可知，当三维周期结构波阻板散射体的形式为正方体时，其振动衰减范围更广，对弹性波的传播抑制作用更强，并且相同参数条件下抑制振动频率更低，更适用于目标频率为低频时的隔振减振。

6.3.2　三维频响曲线分析

根据有限单元法，建立立方晶格排布下的有限三维周期结构波阻板模型，如图 6.36（a）和（b）所示，其中散射体形式分别为正方体和球体，模型结构参数与材料参数见表 6.2。周期结构沿着 y、z 方向布置 2 个周期，沿 x 方向布置 5 个周期，结构两端施加完美匹配层（PML），用以吸收多余振动波，避免在边界上反射影响结果的正确性；分别在三维有限周期结构模型一侧施加指定 x 方向的单位位移激励，同时在 P_1、P_2 处布置域点探针，计算输入端位移激励和输出端位移响应。

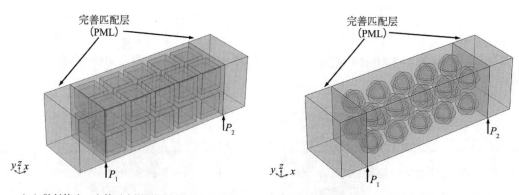

（a）散射体为正方体时有限周期结构波阻板模型　　　（b）散射体为球体时有限周期结构波阻板模型

图 6.36　有限三维周期结构波阻板模型

为保证较好的计算精度，以 1 Hz 为分析步长，从 1~425 Hz 内进行扫描，频率响应函数见公式（6-6）。

图 6.37（a）和（b）分别表示散射体形状为正方体和球体时的频响曲线，阴影区域为三维有限周期结构的振动衰减区，可以直观反映有限周期结构对弹性波的衰减能力。

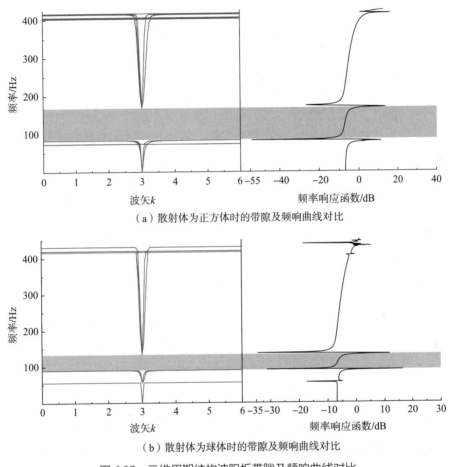

（a）散射体为正方体时的带隙及频响曲线对比

（b）散射体为球体时的带隙及频响曲线对比

图 6.37　三维周期结构波阻板带隙及频响曲线对比

当散射体形式为正方体时，其结果如图 6.37（a）所示，振动衰减区的频率范围为 84~170 Hz，振动衰减区内最大振幅衰减值达 54 dB；当散射体形式为球体时，其结果如图 6.37（b）所示，振动衰减区频率范围为 90~132 Hz，振动衰减区内最大振幅衰减值达 33 dB，振动波被很好地控制隔离；同时对比所得结果可以发现，散射体的形式无论为正方体还是球体，有限周期结构波阻板振动衰减范围与三维无限周期结构波阻板带隙范围均能够较好地吻合，这也说明三维周期结构波阻板带隙计算结果的正确性及可靠性。

6.3.3 三维带隙形成机理及影响因素分析

为讨论结构参数、材料参数等对三维周期结构的隔振性能的影响，本节采用有限元软件，分析总结不同周期常数 a、包覆层内、包覆层外半径 r 和 R、每层布置周期数、布置层数等因素下三维周期结构波阻板带隙起始频率、截止频率及宽度的变化规律，并利用频率响应函数研究上述影响因素对有限周期结构波阻板振动衰减区及振动衰减幅值的影响。由于三维周期结构波阻板为局域共振型周期结构，在探讨其带隙形成机理时，同样适用于王刚 2005 年提出的局域共振型声子晶体的简化模型及带隙计算公式，前文已阐述相关内容，此节不再列出。在分析上述影响因素时，当一个参数发生变化，其他参数均保持不变；由于篇幅原因，周期结构波阻板的排布形式选用正方形，并且采用混凝土（基体材料）的瑞利波波长 λc（$\lambda c = 20$ m）对带隙影响因素进行无量纲处理。三维周期结构波阻板无量纲后的结构尺寸分别为：周期常数 $a^* = a/\lambda c$，包覆层外半径 $R^* = R/\lambda c$，包覆层内半径 $r^* = r/\lambda c$。同时，以混凝土弹性模量和密度为基础，探究其与包覆层弹性模量和填充材料密度，以及基体材料密度的比值对三维周期结构波阻板带隙特性的影响。

1）不同周期常数 a^*

依次调整周期常数 a^*，研究不同周期常数对三维周期结构波阻板带隙特性的影响，其中无量纲周期常数 a^* 为 0.01、0.0125、0.015、0.0175。图 6.38、图 6.39 为不同周期常数 a^* 下的三维周期结构波阻板带隙及带隙变化规律曲线。

增加周期常数 a^*，三维周期结构波阻板的第一完全带隙起始频率不受影响，均保持在 335 Hz 左右，但截止频率随着周期常数的增大而逐渐降低，带隙宽度逐渐缩减。提高周期常数 a^* 对获得较宽的结构带隙是不利的，这是由于增加周期常数 a^*，等效质量 m_2 提高，使三维周期结构波阻板带隙的截止频率减小，但等效质量 m_1 不受影响，因此带隙起始频率不变，带隙宽度缩减。

图 6.40 分别为不同周期常数 a^* 下的频响曲线，可以发现，随着周期常数 a^* 提高，振动衰减区的范围逐渐减小，与带隙变化趋势一致，并且振动衰减区内最大振动衰减幅值由 46 dB 减小到 31 dB，隔振减振能力削弱。因此，在实际设计时，当周期常数 $a^* \leq 0.01$ 时，能够获得较大的带隙宽度，进而提高隔振减振效率，增大振动控制性能。

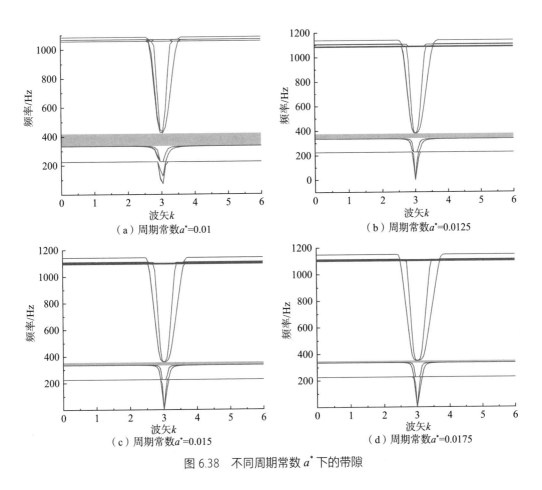

图 6.38　不同周期常数 a^* 下的带隙

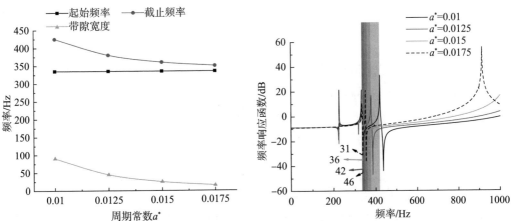

图 6.39　不同周期常数下的带隙变化规律曲线　　图 6.40　不同周期常数下的频率响应函数曲线

2）包覆层内径 r^*

研究不同包覆层内半径 r^* 对三维周期结构波阻板带隙特性的影响，无量纲内半径

r^* 取值分别为 0.002、0.0025、0.003、0.0035。

图 6.41、图 6.42 为不同包覆层内半径 r^* 下的带隙和带隙变化规律曲线。由图可知，增大包覆层内半径 r^*，即提高结构原胞中填充材料的占比，填充材料的消耗作用增强，三维周期结构波阻板的第一完全带隙的起始、截止频率，以及带隙宽度同时增大。增加包覆层材料内半径 r^*，等效质量 m_1 增加，同时等效刚度 k_1 也得到增大，但带隙起始、截止频率变化规律一致，无法判断带隙宽度的增长情况，因此分别将公式（6-9）、公式（6-11）对内半径 r 进行求导，通过判断 r 的变化速率，讨论包覆层内半径 r^* 对带隙宽度的变化。由 $m_1'=\rho_1\pi r$、$k_1'=4CR/(R-r)^2$ 可知，$k_1'>>m_1'$，等效刚度 k_1 变化速率更快，即带隙变化主要受等效刚度 k_1 的影响，虽起始频率与截止频率同时增加，但截止频率增加的更快，带隙宽度加宽。

对比不同频响曲线下振幅衰减值，分析包覆层内半径 r^* 对三维周期结构波阻板带隙的影响。如图 6.43 所示，随着包覆层内半径 r^* 增大，三维周期结构波阻板振动衰减

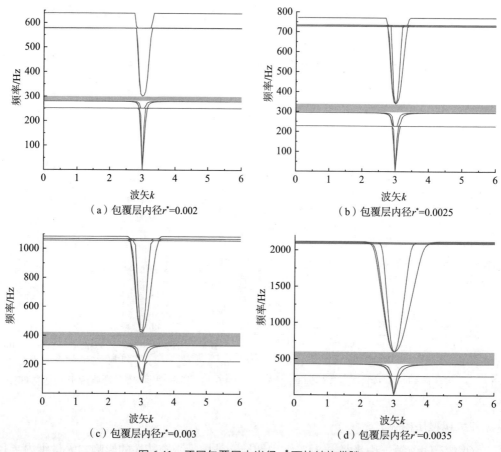

（a）包覆层内径r^*=0.002

（b）包覆层内径r^*=0.0025

（c）包覆层内径r^*=0.003

（d）包覆层内径r^*=0.0035

图 6.41　不同包覆层内半径 r^* 下的结构带隙

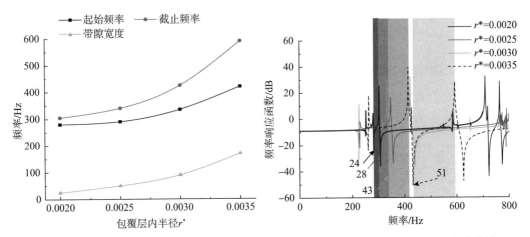

图 6.42　不同包覆层内半径下的带隙变化规律曲线　　图 6.43　不同包覆层内半径下的频响曲线

区的范围逐渐增大，这与带隙变化趋势一致；并且随着包覆层内半径 r^* 的增加，振动衰减幅值由 24 dB 增加到 51 dB，振动控制能力显著增强。因此，在实际工程中进行结构设计时，应尽可能增加填充材料的占比，即在其他因素不变情况下，增加包覆层内半径 r^*，以增强三维周期结构波阻板的振动控制性能。

3）包覆层外径 R^*

调整包覆层外半径 R^*，探究不同包覆层外半径 R^* 对三维周期结构波阻板带隙特性影响，无量纲包覆层外半径 R^* 依次取值为 0.003、0.0035、0.004、0.0045。

图 6.44、图 6.45 为不同包覆层外半径 R^* 下的三维周期结构波阻板带隙及带隙变化规律曲线。增加包覆层外半径 R^*，三维周期结构波阻板第一完全带隙的起始频率、截止频率及带隙宽度同时减小。由带隙形成机理可知，增加包覆层外半径 R^*，等效质量 m_2 及等效刚度 k_1 均减小，但等效质量 m_1 不受影响，因此带隙起始频率减小，同时截止频率也发生变化；但由于无法直接判断二者的变化规律，因此分别将公式（6-10）、公式（6-11）对半径 R 求导。由公式 $m_2'=\rho_2（a^2-2\pi R）$、$k_1'=-4Cr/（R-r）^2$ 可知，等效质量 m_2 下降速度更快，即 $k_1>m_2$，截止频率减小，并且由于截止频率下降速率更快，带隙宽度缩减。

图 6.46 为不同包覆层外半径 R^* 下的频响曲线，增加包覆层外半径 R^*，填充材料在原胞结构中的占比逐渐减小，振动波受到的影响衰减，因此三维周期结构波阻板的振动衰减范围逐渐缩减，这与带隙变化趋势一致，并且三维周期结构波阻板振动衰减区内最大振动衰减幅值从 59 dB 逐渐减小到 30 dB，隔振减振性能及效果减弱。

（a）包覆层外径R^*=0.003　（b）包覆层外径R^*=0.0035

（c）包覆层外径R^*=0.004　（d）包覆层外径R^*=0.0045

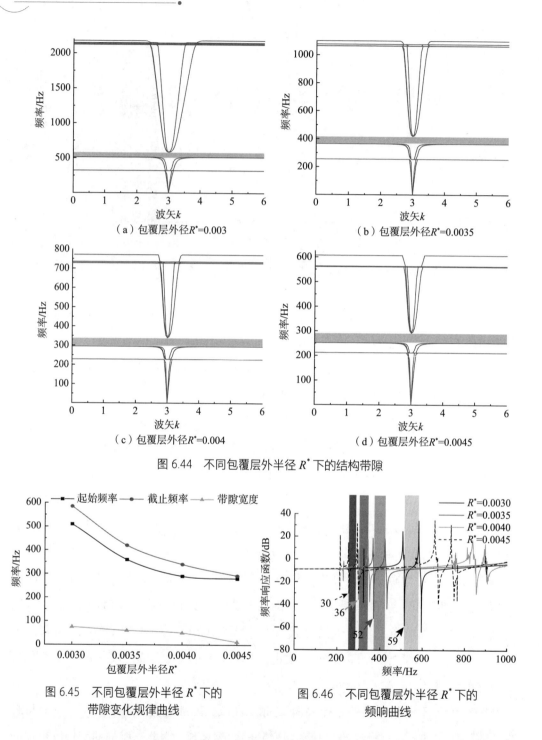

图 6.44　不同包覆层外半径 R^* 下的结构带隙

图 6.45　不同包覆层外半径 R^* 下的带隙变化规律曲线

图 6.46　不同包覆层外半径 R^* 下的频响曲线

综上所述，填充材料的占比对结构的振动控制性能至关重要，在实际工程中进行结构设计时，应尽可能选择较小的包覆层外径 R^*，增加填充材料的占比，以提高三维周期结构波阻板隔振减振性能及效果。

4）填充材料

保持其他参数不变，选择不同填充材料，研究其对三维周期结构波阻板隔振效果的影响，填充材料参数见表 6.3。

表 6.3　不同填充材料参数

材料名称	材料密度 ρ/（kg·m^{-3}）	弹性模量 E/GPa	泊松比 ν
钨	19100	354.1	0.35
铅	11600	40.8	0.369
铜	8950	164.6	0.3
钢	7780	210.6	0.3
铝	2730	77.6	0.352

图 6.47 所示阴影区域为不同填充材料下的结构带隙，图 6.47（f）为不同材料下的带隙变化规律。可以发现，填充材料对三维周期结构波阻板的带隙影响较大。当填充材料为铝球时，带隙起始与终止频率分别为 575 Hz 和 635 Hz，带隙宽度约为 60 Hz；而以钢球为填充材料时，三维周期结构带隙起始与截止频率分别为 356 Hz 和 440 Hz，带隙宽度增大至 84 Hz；但当填充材料为铜球时带隙起始与终止频率分别为 290 Hz 和 340 Hz，带隙宽度约为 50 Hz，带隙宽度缩短；当填充材料分别为铅球和钨球时，三维周期结构波阻板的带隙分别增宽至 100 Hz 和 111 Hz。不同填充材料下带隙起始频率及截止频率逐渐下降，但带隙宽度呈现先增大再减小再增大的趋势，并且第一完全带隙往低频、宽带的趋势发展。同时，对比不同填充材料特性可以发现，虽各材料密度及弹性模量均不同，但以钨作为填充材料时，带隙控制范围更广，且更有利于低频宽带的隔振减振。

5）填充材料密度 ρ

通过对不同填充材料的研究可知，填充材料密度对带隙的频率范围及带隙宽度具有重要的影响。然而以铝作为填充材料时，带隙宽度却高于铜，而铝的密度却更低。因此，本节将铝作为填充材料，研究填充材料密度与基体材料密度的比值对周期结构波阻板带隙特性的影响，分析高密度填充材料是否符合低频率、宽带隙的特性，其他参数保持不变，密度比 ρ^* 分别为 1.092、1.492、1.892、2.292。

图 6.48 和图 6.49 分别为不同材料密度比下带隙及带隙变化规律曲线。随着材料密度比的增大，三维周期结构波阻板第一完全带隙的起始频率和截止频率同时减小，但

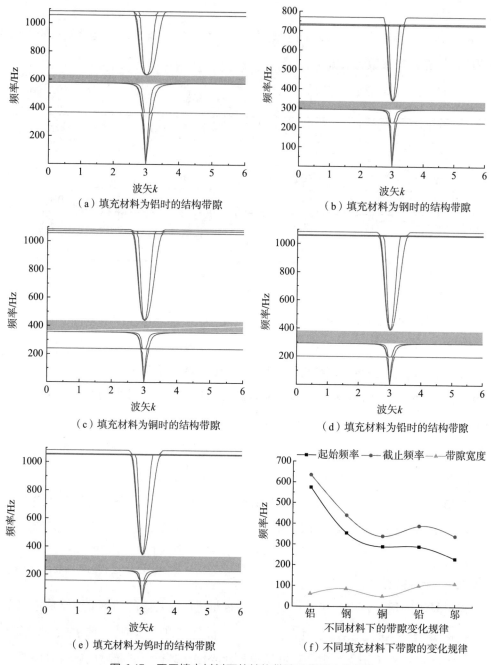

（a）填充材料为铝时的结构带隙

（b）填充材料为钢时的结构带隙

（c）填充材料为铜时的结构带隙

（d）填充材料为铅时的结构带隙

（e）填充材料为钨时的结构带隙

（f）不同填充材料下带隙的变化规律

图 6.47　不同填充材料下的结构带隙及带隙变化规律

起始频率下降幅度更大，带隙宽度随之增加。由局域共振型声子晶体简化模型可知，增加填充材料密度，等效质量 m_1 增加，但是等效刚度 k_1 不受影响，所以起始频率与截止频率均减小，但是相比起始频率，截止频率下降的速度更快，因此带隙宽度增宽。

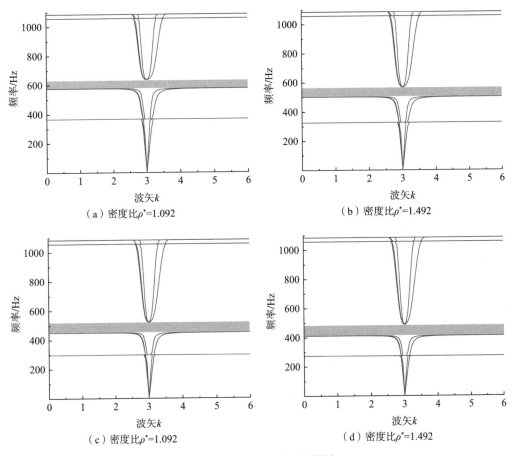

图 6.48　不同密度比下的带隙

图 6.50 为不同材料密度比下的频响曲线。随着材料密度比的增加，三维周期结构波阻板的振动衰减范围逐渐变宽，与图 6.48 所示带隙变化范围一致，然而振动衰减区

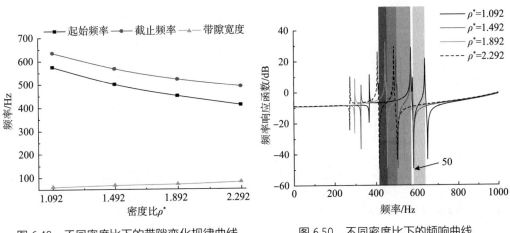

图 6.49　不同密度比下的带隙变化规律曲线　　　　图 6.50　不同密度比下的频响曲线

内最大振动衰减幅值基本不变，均保持在 50 dB 左右，但由于振动衰减范围变宽，因此隔振效果得到提高。

综上所述，填充材料的密度对带隙频率、宽度及隔振减振效果影响较大，并且由于地铁、高铁运行诱发的高频振动衰减速度较快，相比之下低频振动对建筑、人体等影响更为显著，高密度填充材料对于三维周期结构波阻板在低频、宽带隙隔振减振中发挥着重要的作用。因此在实际工程中进行结构设计时，在一定范围内应提高密度比，选择密度较大的填充材料，以满足地铁、高铁等主要峰值频率段的隔振减振需求。

6）基体材料密度 ρ

依次增加基体材料密度 ρ，分析不同基体材料密度与混凝土密度的比值对三维周期结构波阻板第一完全带隙的影响，密度比 ρ^* 取值分别为 0.92、1、1.08、1.16。图 6.51、图 6.52 分别为不同密度比 ρ^* 下的带隙及带隙变化规律曲线。随着基体密度 ρ 的增加，密度比 ρ^* 增大，三维周期结构波阻板带隙起始频率基本不变，但截止频率逐

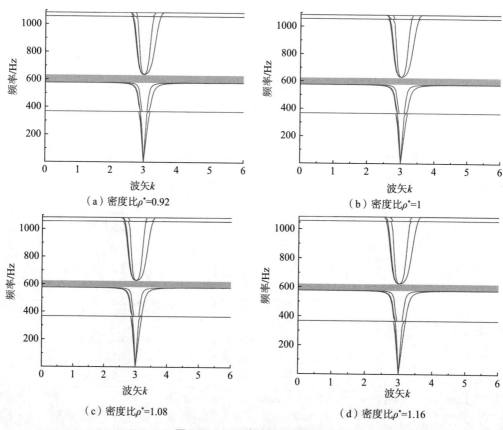

（a）密度比ρ^*=0.92　　（b）密度比ρ^*=1

（c）密度比ρ^*=1.08　　（d）密度比ρ^*=1.16

图 6.51　不同密度比下的带隙

渐减小，带隙宽度缩减，这是因为当基体材料密度 ρ 提高时，等效质量 m_2 增加，但等效刚度 k_1 与等效质量 m_1 并不受影响；并且从整体来看，基体材料密度虽对三维周期结构波阻板的隔振减振效果存在一定影响，但是带隙变化较小。

图 6.53 为不同密度比下的频响曲线，随着密度比 ρ^* 的增加，有限三维周期结构波阻板振动衰减范围逐渐减小，与带隙变化范围一致，但振动衰减区内最大振动衰减幅值基本不变，均保持在 50 dB，提高基体材料密度，三维周期结构波阻板的隔振效果逐渐降低。由此可知，并不是基体材料密度越大隔振性能越好，实际设计时可以从较为经济的角度选择组成材料。

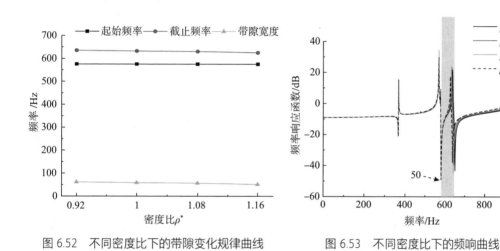

图 6.52　不同密度比下的带隙变化规律曲线　　　图 6.53　不同密度比下的频响曲线

对比基体材料密度和填充材料密度对三维周期结构波阻板第一完全带隙的影响可知：保持填充材料密度不变，当基体材料密度越大，三维周期结构波阻板的带隙越窄；当基体材料密度不变，填充材料密度越大时，三维周期结构波阻板带隙越宽。因此，当增加二者之间密度差异性时，所设计的三维周期结构波阻板带隙宽度越大，隔振减振能力也相对更强。

7）包覆层材料

保持基体材料、填充材料以及结构大小不变，其中周期常数 $a=0.2$ m，包覆层内半径 $r=0.06$ m，外半径 $R=0.08$ m，由于高密度填充材料对获得低频带、宽带隙更具有优势，因此以钨球为填充材料，分析不同的包覆层材料对三维周期结构波阻板带隙特性的影响，其中包覆层材料分别为 Duxseal、硫化橡胶、硅橡胶，具体材料参数见表 6.4。

表 6.4　不同包覆层材料参数

材料名称	材料密度 $\rho/(\text{kg}\cdot\text{m}^{-3})$	弹性模量 E/Pa	泊松比 ν
Duxseal	1650	8×10^{6}	0.46
硅橡胶	1300	1.175×10^{5}	0.469
硫化橡胶	1300	1×10^{6}	0.47

图 6.54 所示为不同包覆层材料下的带隙及带隙变化规律。不同包覆层材料对带隙频率范围及带隙宽度有较大的影响，当包覆层材料为 Duxseal 时，带隙起始及截止频率分别为 230 Hz 和 340 Hz，带隙宽度约为 110 Hz；当包覆层材料为硅橡胶时，三维周期结构波阻板带隙起始及截止频率分别为 30 Hz 和 45 Hz，带隙宽度约为 15 Hz；而以硫化橡胶为包覆层材料时，带隙起始及截止频率分别为 90 Hz 和 132 Hz，带隙宽度增大至 42 Hz，隔振性能显著提高。

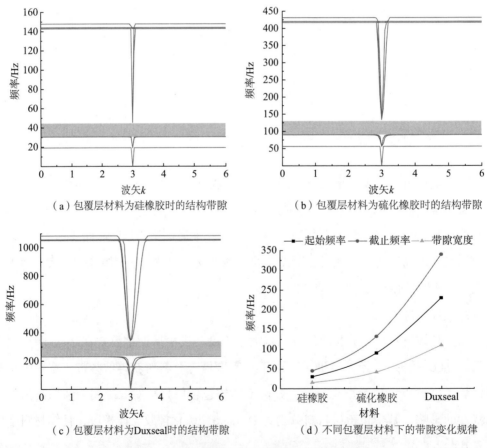

（a）包覆层材料为硅橡胶时的结构带隙

（b）包覆层材料为硫化橡胶时的结构带隙

（c）包覆层材料为Duxseal时的结构带隙

（d）不同包覆层材料下的带隙变化规律

图 6.54　不同包覆层材料下的带隙及带隙变化规律

　　通过上述研究可知，以 Duxseal 为包覆层材料时，三维周期结构波阻板虽能够获得较广的带隙控制范围，但带隙起始频率及截止频率较高，并不适用于地铁等以低频范围为主要目标频率的隔振减振；相比之下，以硅橡胶、硫化橡胶为包覆层，所获得的带隙频率更具可行性。其中，硫化橡胶和硅橡胶二者拥有相同的材料密度，但硫化橡胶弹性模量相对更大，当以硫化橡胶为设计材料，所得带隙具有低频、宽带的特性；而以 Duxseal 为设计材料时，由于其较高的密度及弹性模量，所获得的频率范围主要以高频为主。因此，研究包覆层的材料密度及弹性模量对三维周期结构波阻板带隙特性尤为重要。

8）包覆层弹性模量 E

　　分析包覆层弹性模量 E 与基体弹性模量 E 的比值对三维周期结构波阻板带隙特性的影响，弹性模量比 E^* 取值分别为 0.67×10^{-4}、1×10^{-4}、1.33×10^{-4}、1.67×10^{-4}。图 6.55、图 6.56 为不同弹性模量比 E^* 下的结构带隙及带隙变化规律曲线。

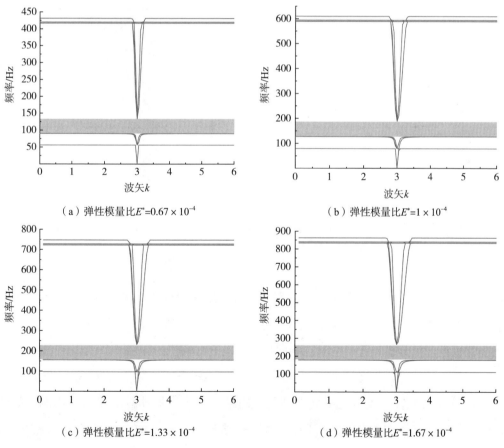

（a）弹性模量比 $E^*=0.67 \times 10^{-4}$

（b）弹性模量比 $E^*=1 \times 10^{-4}$

（c）弹性模量比 $E^*=1.33 \times 10^{-4}$

（d）弹性模量比 $E^*=1.67 \times 10^{-4}$

图 6.55　不同弹性模量比 E^* 下的带隙

依次增加包覆层弹性模量，提高弹性模量比 E^*，三维周期结构波阻板的带隙起始频率和截止频率，以及带隙宽度均同时增加。由局域共振型声子晶体简化模型及计算公式可知，增加包覆层弹性模量 E，与包覆层有关的 Lamé 常数 $\lambda_{\text{包覆层}}$ 和 $\mu_{\text{包覆层}}$ 增加，即参数 C 的值变大，因此等效刚度 k_1 增加，但等效质量 m_1 与 m_2 不受带隙宽度的影响，第一完全带隙起始频率和截止频率增大，然而截止频率增长速率更快，带隙宽度随之提高。

图 6.57 为不同弹性模量比 E^* 下的频响曲线。分析不同弹性模量比 E^* 对三维周期结构波阻板振动衰减幅值以及振动衰减区的影响，随着包覆层弹性模量的增加，弹性模量比 E^* 提高，三维周期结构波阻板的振动衰减范围逐渐增大，这与带隙变化范围一致；同时，振动衰减区内最大振动衰减幅值从 24 dB 逐渐增加到 51 dB，隔振减振性能及效果显著增强。可见包覆层弹性模量对三维周期结构波阻板第一完全带隙影响幅度较大，在实际设计时，在一定范围内应选择包覆层弹性模量较大的材料，提高包覆层弹性模量占比，以获得较宽的带隙，增大隔振减振的范围。

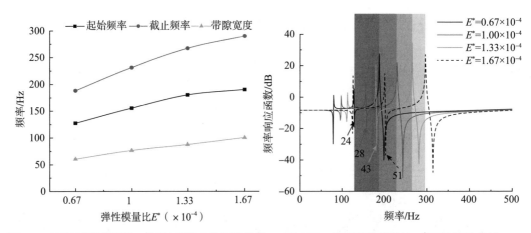

图 6.56　不同弹性模量比 E^* 下的带隙变化规律曲线　　图 6.57　不同弹性模量比 E^* 下的频响曲线

9）布置层数

由于仅计算一个结构单胞即可求得整个周期结构的带隙，在不改变结构参数和材料参数的前提下，带隙及振动衰减区变化范围仍一致，所以此节不讨论第一完全带隙的变化规律，仅分析布置层数对频响曲线及振动衰减幅值的影响。

保持每层布置周期数不变，三维周期结构波阻板布置层数依次取一层、二层、三层，研究不同布置层数对三维周期结构波阻板衰减区内振动衰减幅值的影响。如图 6.58 所示，当布置层数分别为一层、二层、三层时，周期结构振动衰减区内最大衰减幅值为 13 dB、16 dB、21 dB，振动衰减区内最大衰减幅值逐渐增大，因此在一定范围

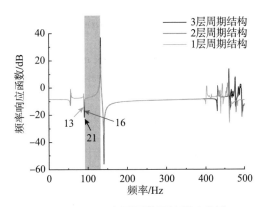

图 6.58　不同布置层数下的频响曲线

内增加布置层数，有助于提高三维周期结构波阻板的隔振性能。

10）周期数

图 6.59 为不同布置周期数下的频响曲线。不讨论三维周期结构波阻板第一完全带隙的变化规律，仅分析每层布置周期数对频率响应函数曲线的影响。保持周期结构布置层数不变，增加每层布置周期数，依次研究 1×3 周期、1×5 周期、1×7 周期时三维周期结构波阻板衰减区内振动衰减幅值的变化，分析其对振动控制性能的影响，其中 1 为结构层数，3、5、7 为每层布置周期数。

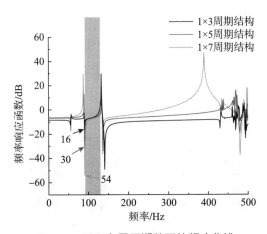

图 6.59　不同布置周期数下的频响曲线

可以发现，1×3 周期结构振动衰减区内最大衰减幅值为 16 dB，1×5 周期结构振动衰减区内最大衰减幅值为 30 dB，1×7 周期结构振动衰减区内最大衰减幅值为 54 dB。不同的布置周期数下三维周期结构波阻板振动衰减区的范围基本一致，均保持在 90~130 Hz，但振动衰减区内最大衰减幅值逐渐增大；综合考虑结构布置层数，在实际设计时，应尽可能提高三维周期结构波阻板布置层数，增加每层布置周期数，以增强其在实际工程中的振动控制效果。

主要参考文献

［1］高盟，孔祥龙，赵礼治. 周期结构波阻板的带隙特性研究［J］. 土木工程学报，2023，56（7）：147-156.

［2］田抒平，高盟，王滢，等. 二维均质弹性地基 Duxseal 材料主动隔振研究［J］. 振动工程学报，2019，32（4）：701-711.

［3］田抒平，高盟，王滢，等. Duxseal 隔振性能数值分析与现场试验研究［J］. 岩土力学，2020，41（5）：1770-1780.

［4］高盟，张致松，王崇革，等. 竖向激振力下 WIB-Duxseal 联合隔振试验研究［J］. 岩土力学，2021，42（2）：537-546.

［5］宋永山，高盟，陈青生. 列车荷载作用下准饱和地基波阻板隔振特性研究［J］. 地震工程与工程振动，2022，42（2）：252-263.

［6］GAO M, TIAN S P, CHEN Q S, et al. Isolation of Ground Vibration Induced by High-Speed Railway by DXWIB: Field Investigation［J］. Soil Dynamics and Earthquake Engineering, 2020, 131(4): 1-6.

［7］WANG Y, ZHANG Z S, GAO M, et al. Field Experiment on the Isolation Effects of Duxseal-Wave Impeding Blocks Subjected to Vertical Excitation Forces［J］. Journal of Testing and Evaluation, 2022, 50(3): 1377-1389.

［8］WANG G, SHAO L, YAO Z, et al. Accurate evaluation of lowest band gaps in ternary locally resonant phononic crystals［J］. Physics in China: English version, 2006, 15(8):1843.

［9］王刚. 声子晶体局域共振带隙机理及减振特性研究［D］. 长沙：国防科学技术大学，2005.

［10］孙晓静. 地铁列车振动对环境影响的预测研究及减振措施分析［D］. 北京：北京交通大学，2008.

［11］张厚贵. 北京铁路地下直径线列车振动对邻近地铁结构影响的研究［D］. 北京：北京交通大学，2007.

［12］杨永斌. 高速列车所引致之土壤振动分析［D］. 台北：台湾大学，1995.

第7章

周期结构波阻板的隔振效应

7.1 概 述

理论计算证明，将波阻板设计为周期结构，可使某些频带的弹性波受能带阻隔而无法透过波阻板而形成带隙，从而达到隔振的目的。带隙范围与周期结构参数和材料参数有关，可调整周期结构参数和材料参数，实现对特定频率范围振动波的隔离。周期结构设计使波阻板突破隔振原理的制约，克服了隔振频带窄的技术瓶颈。

本章将周期结构波阻板用于地铁移动荷载及竖向简谐荷载作用诱发的地基振动屏障隔振，主要探究周期结构波阻板对地铁振动的隔振效应及对竖向简谐振动的隔振效应，探讨填充材料、管径、轴心间距对周期结构隔振性能的影响。

7.2 周期性水平管屏障对地铁振动的隔振效应

7.2.1 周期性水平管屏障设计及计算模型

为考察周期结构屏障对地铁移动荷载诱发的地基振动的隔振效应，如图 7.1 所示，在隧道衬砌下方埋设水平管，布置成周期结构，在横截面上由地基土、钢管及填充混凝土构成晶体结构，见图 7.2。水平管由填充混凝土的空心钢管构成，土为基体材料，参数见表 7.1。钢管半径为 $R=0.4$ m，内部混凝土半径 $r=0.3$ m，钢管厚度为 0.1 m，轴心间距 a 为 1 m。二维三组元周期性水平管隔振结构为两排圆管，见图 7.1。如图 7.3 所示采用六角晶格，根据 Bloch 定理，用波矢扫略晶格的第一布里渊区即可获得整个隔振结构的衰减域。其结果如图 7.4 所示，其中 M、Γ、X 均为布里渊区的顶点。

二维三组元周期结构如图 7.2 所示。由于晶体结构具有周期性和对称性，波矢扫

图 7.1　隔振结构示意图

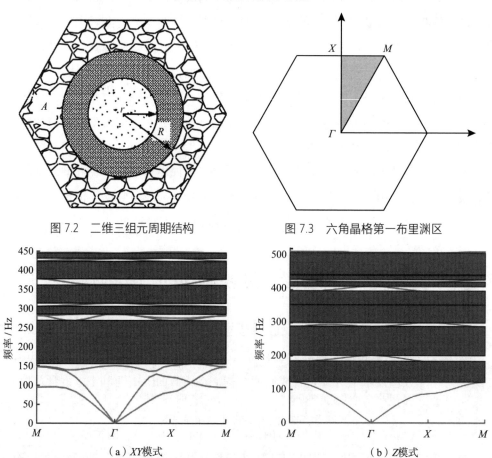

图 7.2　二维三组元周期结构　　　　　图 7.3　六角晶格第一布里渊区

（a）XY模式　　　　　　　　　　　　　（b）Z模式

图 7.4　水平管结构衰减域

过第一布里渊区即可获得周期性水平管的衰减域。

图 7.4 中阴影部分为周期性水平管结构的整个衰减域，其代表该频率范围内的弹

性波无法透过水平管隔振结构继续传播。在 *XY* 模式下，基本阻断了 150~450 Hz 频率范围内的振动波；在 *Z* 模式下，120~500 Hz 范围内的振动波也无法透过水平管传播。该结构具有良好的隔振效果，且其隔振频带较宽，符合地铁产生的振动响应频率成分复杂，包含了低、中、高频的特点。

为验证周期结构屏障对地铁振动的隔振效应，根据青岛地铁 13 号线的实际工况建立 ABAQUS 数值计算模型，模型尺寸为 100 m×200 m×50 m。隧道为圆形盾构隧道结构，开挖深度为 25 m，一次初衬为 0.20 m，二次初衬为 0.15 m。轨道采用 60 kg/m 的标准轨道，轨道间距为 1.435 m，轨道扣件间距为 0.65 m。模型中各部件的材料属性为弹性介质，采用由 Clough 等改进的新瑞利阻尼系数取值方法。计算参数见表 7.1 和表 7.2。

表 7.1　材料参数

部件	密度 /（kg·m⁻³）	弹性模量 /GPa	泊松比 ν	剪切模量 /GPa
钢管（A）	7850	200	0.30	76.92
混凝土（B）	2400	30	0.20	12.50
粉质黏土（C）	2500	0.29	0.25	0.12

表 7.2　模型材料参数

部件	密度 /（kg·m⁻³）	弹性模量 /kPa	泊松比 ν	瑞利阻尼系数 α	瑞利阻尼系数 β
钢轨	7800	2.1×10^9	0.3	0.14488	0.00069
轨道板	2500	3.0×10^8	0.2	0.43453	0.00207
基床表层	1900	2.5×10^6	0.3	1.15902	0.00552
衬砌	2500	2.6×10^7	0.2	0.56478	0.00358
土体	1800	2.9×10^5	0.25	1.15902	0.00550

轨道系统由钢轨—扣件—轨道板组成，考虑它们之间的动力相互作用及其接触，轨道系统通过线性弹簧和黏性阻尼连接，模型的边界采用黏弹性边界，如图 7.5 所示。

列车荷载通过二次开发 DLOAD 子程序施加。考虑轮轨接触不平顺、轨道基础及车辆悬挂体系等因素所引起的竖向轮轨力，列车移动荷载模型参考梁波等提出的列车

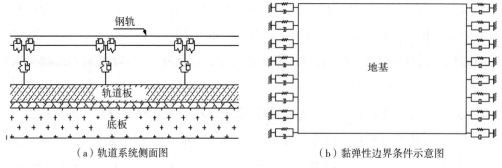

（a）轨道系统侧面图　　　　　　　　（b）黏弹性边界条件示意图

图 7.5　轨道—基床—土体交互模型

荷载模拟方法。模型包含了列车随机激振的主要组分，由该激励力表示的修正列车连续轴重荷载为

$$f_2(x,\ y,\ z,\ t) = k_1 k_2 \sum_{n=1}^{N}(P_0 + P_1 \sin\omega_1 t + P_2 \sin\omega_2 t + P_3 \sin\omega_3 t)\delta(x - ct) \tag{7-1}$$

其中：

$$P_j \sin\omega_j t\,\delta(x-ct) = P_j \sin\omega_j t\left[\delta\left(x-ct+\sum_{i=1}^{N-1}L_s+L_D\right) + \delta\left(x-ct+a_n+\sum_{i=1}^{N-1}L_s+L_D\right)\right.$$
$$\left. +\delta\left(x-ct+a_n+b_n+\sum_{i=1}^{N-1}L_s+L_D\right) + \delta\left(x-ct+2a_n+b_n+\sum_{i=1}^{N-1}L_s+L_D\right)\right] \tag{7-2}$$

式中，k_1 为临近车轮力在线路上的叠加系数，一般为 1.2~1.7；k_2 为钢轨及轨枕的分散系数，一般为 0.6~0.9；$P_j = M_0 A_j \omega_j^2$（$j = 1$，2，3）分别对应Ⅰ、Ⅱ、Ⅲ三种控制条件中振动荷载的典型值，见表 7.3；M_0 为簧下质量；$\omega_j = 2\pi c/L_j$ 为振动圆频率；L_j 为几何不平顺曲线波长；A_j 为几何不平顺矢高。

将 Y 轴正向设置为列车移动的方向，使用速度 v 和时间 t 定义荷载的移动坐标，即 $Y = Y_0 + vt$，Y_0 为轮载的初始坐标，列车速度设置为 70 km/h。计算中将列车轴重荷载设置为作用在轮轨表面的移动面荷载，如图 7.6 所示。

表 7.3　轨道不平顺管理值

控制条件	波长 /m	正矢 /mm
按行车平稳性（Ⅰ）	50	16
	20	9
	10	5

续表

控制条件	波长 /m	正矢 /mm
按作用到线路上的动力 附加动载（Ⅱ）	5	2.5
	2	0.6
	1	0.3
波形磨耗（Ⅲ）	0.5	0.1
	0.05	0.005

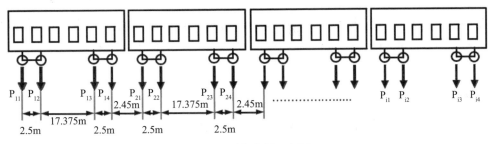

图 7.6　列车荷载示意图

对周期结构屏障、波阻板屏障以及无屏障 3 种工况，两种屏障尺寸相同，材料参数相同，在水平距离轨道中心 10 m 的地面布设监测点计算分析 3 种工况的隔振效果。计算得出的加速度竖向频谱曲线如图 7.7 所示。对比发现，周期结构屏障的隔振效果明显优于波阻板屏障。两种屏障的峰值加速度分别为 1.41×10^{-5} mm/s² 和 0.75×10^{-5} mm/s²，尤其在 100~500 Hz 频带内，周期结构屏障的竖向加速度大大低于波阻板屏障。

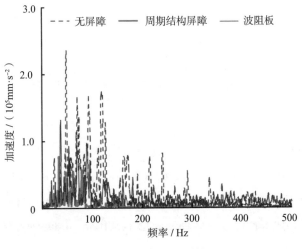

图 7.7　隔振效果对比

此外，安装周期结构屏障前后相应的竖向峰值加速度分别为 2.42×10^{-5} mm/s^2 和 0.75×10^{-5} mm/s^2，主频段从 59~130 Hz 降低到 32~87 Hz，设置周期结构屏障有效减弱了地铁运行诱发的地基振动。在 120~500 Hz 频带范围内，其振动加速度大幅降低，几近趋向于 0。

7.2.2 周期结构屏障隔振性能影响因素

1）填充材料

为分析不同材料对周期结构屏障隔振效果的影响，选择钢管和橡胶两种材料作为散射体的外部包裹体，计算并绘制其平面内的带隙图（ XY 模式），如图 7.8 所示。周期结构屏障的其他参数相同，内径为 0.3 m，外径为 0.4 m，轴心间距为 1 m。隔振频带受填充材料的影响较大，使用钢管作为填充材料时，其隔振频带分布在 150~450 Hz之间；而采用橡胶时其隔振频带分布在 40~110 Hz 之间。两者具有较大的差异，主要是因为钢管与橡胶材料的弹性模量差异较大。对比发现弹性模量大的填充材料主要抑制中高频的振动，而弹性模量小的材料对低频振动的控制效果较好。因此在地铁、高铁或者其他动荷载的隔振领域中，可根据所需的减振频带选择合适的填充材料。

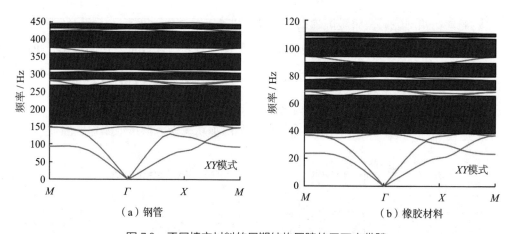

（a）钢管　　　　　　　　　　　　　　（b）橡胶材料

图 7.8　不同填充材料的周期结构屏障的平面内带隙

2）管径

为分析不同管径对周期结构屏障隔振效果的影响，保持其他参数不变的情况下改变其管径。图 7.9 描述了内径为 0.25 m、0.28 m、0.3 m、0.35 m、0.38 m（外径为 0.4 m，间距 a 为 1 m）时周期结构屏障的平面内带隙图。随着内径的增加，隔振带隙的变化趋势较小。图 7.10 描述了不同内径时衰减域上下限值和带宽的变化曲线。从带隙的变化来看，上限值整体较为稳定，随内径的增大有小幅度的减小；内径小于 0.3 m 时，

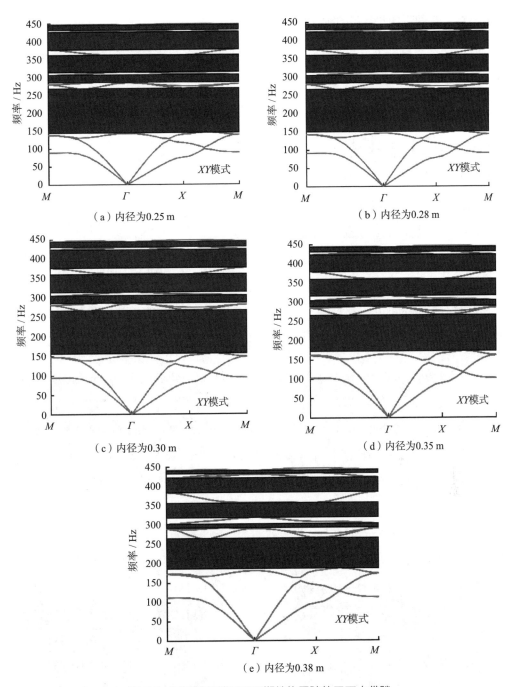

图 7.9　不同管径情况下周期结构屏障的平面内带隙

起始值变化幅度较小，当起始值大于 0.3 m 时，其对内径变化的表现较为敏感，随内径的增大逐渐提高。此外，整体的频带宽度有所减小，内径从 0.25 m 增大到 0.38 m 的过程中，带隙宽度减少 70 Hz。分析发现上述材料的周期结构屏障内径越小，该结构的隔振频带越宽,对能量衰减的效率更高,因此实际工程中可以减小内径值以达到最优的隔振效率。

3)轴心间距

为分析不同埋置间距对周期结构屏障带隙特性的影响,保持其他参数不变,轴心间距 a 分别取值 0.5 m、0.75 m、1.0 m、1.4 m。图 7.11 为不同轴心间距情况下周期结构屏障的平面内带隙图,轴心间距的改变对隔振带隙的影响较大。图 7.12

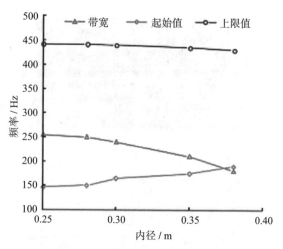

图 7.10 不同管径的带隙特性对比

描述了带宽随轴心间距 a 的变化趋势,隔振频带的上下限值都随着 a 的增大不断减小,整体隔振频带逐渐下移。此外,带隙宽度随着 a 的增大持续减小,但随着 a 的进一步

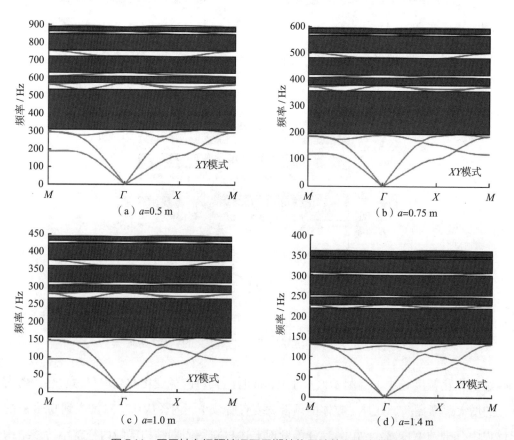

图 7.11 不同轴心间距情况下周期结构屏障的平面内带隙

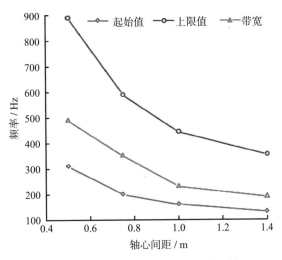

图 7.12　不同轴心间距的带隙特性对比

增大其减小幅度有所降低。因此，从带宽角度而言，减小 a 在减轻振动传递方面将产生更高的效率；从特定频率角度而言，可根据所需的减振频带选择合适的轴心间距。

7.3　周期结构波阻板对简谐振动的隔振效应

7.3.1　周期结构波阻板设计与计算模型

　　为探究竖向简谐荷载作用下周期结构波阻板的隔振效应，在竖向简谐振源下方埋置周期结构波阻板，如图 7.13 所示。建立 ABAQUS 有限元模型分析周期结构波阻板对简谐振动的隔振性能。晶体结构采用正方体单元，基体材料、包覆层、填充材料分别为混凝土、橡胶和粉质黏土。计算模型尺寸选择为 $B \times L \times H$（$55\ \mathrm{m} \times 55\ \mathrm{m} \times 30\ \mathrm{m}$）。其中，$B$ 为模型宽，L 为模长，H 为模型厚度，布置形式选用正方形，单胞结构中周

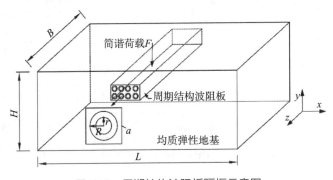

图 7.13　周期结构波阻板隔振示意图

期常数 a=0.45 m，包覆层内、外半径 r=0.15 m、R=0.2 m。

地基实际是半无限空间体，分析区域应是无限大的，为使有限元模拟与地基土的实际情况尽可能一致，采用有限元—无限元结合的方式，在模型四周设置一定尺寸的无限元边界，以模拟土体空间的无限远。地基土层的尺寸为 53 m×53 m×28 m，模型四周及底部采用无限元单元，边界厚度为 1 m，周期结构波阻板放置于有限元区域，模型如图 7.14 所示。模型中各部件均为弹性材料，在动力分析过程中瑞利（Rayleigh）阻尼较好地贴近实际情况，也最为常用。土体、周期结构波阻板材料参数见表 7.4，无限元区域与土体参数一致，为均质弹性。

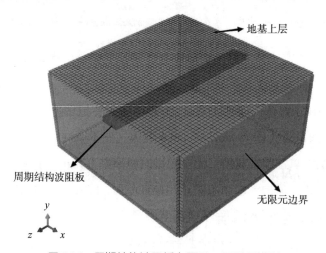

图 7.14　周期结构波阻板有限元—无限元模型

表 7.4　有限元模型计算参数

部件	密度 /（kg·m⁻³）	弹性模量 /GPa	泊松比 ν	瑞利阻尼系数 α	瑞利阻尼系数 β
粉质黏土	2300	0.289	0.313	0.1157	0.008
土体	1800	0.141	0.33	0.1157	0.008
橡胶	1300	$1.2e^{-4}$	0.469	0.775	0.052
混凝土	2500	30	0.3	0.193	0.013

简谐荷载作用于模型中心处，周期结构波阻板的正上方，由正弦函数叠加而形成，表达式为：

$$F(t) = P\sin(f\pi t) \tag{7-3}$$

式中，P 为动荷载峰值，单位 N；f 为激振频率，单位 Hz；t 为加载时间，单位 s。

简谐荷载表达式为：$F(t)=2000\sin(100\pi t)$。其中，荷载峰值 $P=2000$ N、激振频率 $f=50$ Hz，模型荷载加载时间 t 的间距为 0.02 s，荷载作用时间为 6 s，从 0 s 开始加载，其中 0~1 s 为静力分析时间，其余 6 s 为简谐荷载作用时间。简谐荷载时程曲线如图 7.15 所示。

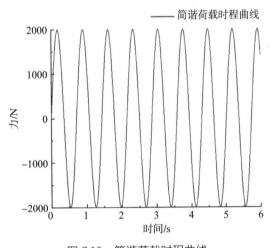

图 7.15　简谐荷载时程曲线

7.3.2　周期结构波阻板的隔振效应

图 7.16 和图 7.17 分别为计算所得的周期结构波阻板中心正上方土层表面加速度频谱曲线和带隙。分析可知，在周期结构波阻板作用下，30~50 Hz 频带范围内振动加速度大幅衰减，趋近于 0；而结构带隙频率范围为 34~46 Hz，对应频带范围内的振动均

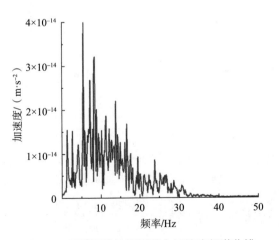

图 7.16　周期结构波阻板竖向加速度频谱曲线

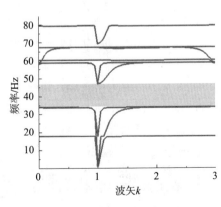

图 7.17　周期结构波阻板带隙

被有效隔离。

图7.18为不同隔振措施下的竖向加速度时程曲线。布置周期结构波阻板前后的竖向加速度幅值为 7.07×10^{-2} m/s^2、3×10^{-2} m/s^2，竖向加速度衰减比例为57.6%。布置传统波阻板竖向加速度振幅为 4.4×10^{-2} m/s^2，加速度衰减比例约为37.8%。

对比发现周期结构波阻板的纵向加速度明显小于波阻板以及无屏障。周期结构波阻板的隔振性能优于传统波阻板，这是因为合理的隔振材料及周期结构布置，作为基体材料的混凝土与包覆层橡胶、填充材料粉质黏土之间刚度比大，能量传递效率低，隔振效率高，对振动波能量消耗增大。

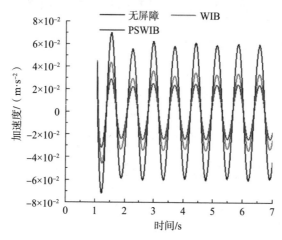

图 7.18　不同屏障的竖向加速度时程曲线

主要参考文献

［1］王明瑶，高盟. 周期排列水平管对地铁振动的隔振性能研究［J］. 岩土力学，2022，43（4）：1147-1155.

［2］石志飞，程志宝，向宏军. 周期结构理论及其在隔震减振应用［M］. 北京：科学出版社，2017.

［3］MUHAMMAD, LIM C W. From photonic crystals to seismic metamaterials: A review via phononic crystals and acoustic metamaterials［J］. Archives of Computational Methods in Engineering, 2022, 29(2): 1137-1198.

［4］CLOUGH R W, PENZIEN J. Dynamics of structures［M］. New York: McGraw-Hill Inc, 1975.

［5］李丹阳，高盟，石传志，等. 高铁移动荷载作用下桩承式路基的振动特性［J］. 振动工程学报，2020，33（4）：796-806.

［6］梁波，罗红，孙常新. 高速铁路振动荷载的模拟研究［J］. 铁道学报，2006（4）：89-94.

［7］高盟，孔祥龙，赵礼治. 周期结构波阻板的带隙特性研究［J］. 土木工程学报，2023，56（7）：147-156.

第8章

波阻板周期性结构设计

8.1 概　　述

理论计算和试验证实，周期结构波阻板的带隙范围和宽度受周期结构参数及材料参数等设计要素的影响。为实现对某一特定频段的振动波隔离，可对周期结构设计参数优化。

本章首先探究周期结构波阻板埋置深度、布置层数、每层结构个数、激振频率等设计要素对加速度时程曲线、频谱，以及位移时程曲线的影响规律，进而介绍周期性结构波阻板的正交试验优化设计方法，最后给出周期性结构的优化设计程序步骤。

其中，在讨论埋置深度、布置层数、每层结构个数、激振频率等设计要素隔振性能影响时，令某一设计参数变化，其他设计要素均为常数，且 PSWIB 的埋置深度记为 d，布置层数（厚度）记为 t、每层结构个数（宽度）即为 w。以均质地基的 R 波波长 L_R 对各种长度尺寸进行归一化处理，其中 $L_R=10$ m，PSWIB 归一化深度为 $D=d/L_R$，归一化布置层数（厚度）为 $T=t/L_R$，归一化每层结构个数（宽度）为 $W=w/L_R$。

8.2 波阻板周期结构设计要素

8.2.1 埋置深度

图 8.1 为相同条件下埋置深度 D 分别为 0.05、0.1、0.2 及无隔振屏障时同一测点的水平向和竖向位移时程曲线。分析可知，当不设置隔振屏障时，测点水平位移幅值为 2.51×10^{-5} m；当周期结构波阻板的埋置深度分别为 0.05、0.1、0.2 时，测点最大位移幅值分别为 4.4×10^{-6} m、7.52×10^{-6} m、1.24×10^{-5} m，不同埋置深度下的衰减比例

分别为 82.5%、70%、50.5%。当土层中无隔振屏障时，竖向位移幅值为 4.51×10^{-4} m，当周期结构波阻板埋置深度为 0.2 时，竖向位移幅值为 3.58×10^{-4} m，位移衰减比例为 20.6%；当周期结构波阻板埋置深度为 0.1 和 0.05 时，位移幅值分别为 3.22×10^{-4} m、2.42×10^{-4} m，对应的位移衰减比例分别为 28.6%、46.3%。

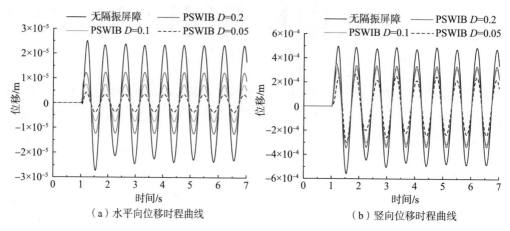

（a）水平向位移时程曲线 （b）竖向位移时程曲线

图 8.1 不同埋置深度下的位移时程曲线

图 8.2 所示为不同埋置深度下的水平向、竖向加速度时程曲线。可以发现，当地基土层中无隔振屏障时，振动水平向加速度幅值为 3×10^{-3} m/s²；当周期结构波阻板的埋置深度分别为 0.05、0.1、0.2 时，土体监测点水平向加速度幅值分别为 2.74×10^{-4} m/s²、5.82×10^{-4} m/s²、2×10^{-3} m/s²，加速度衰减比例分别为 90.9%、80.6%、33.3%；对竖向加速度时程曲线，当地基土层中无隔振屏障时，振动加速度幅值为 5.7×10^{-2} m/s²；当

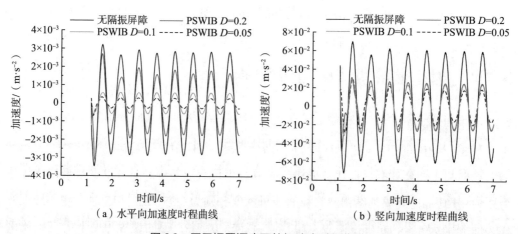

（a）水平向加速度时程曲线 （b）竖向加速度时程曲线

图 8.2 不同埋置深度下的加速度时程曲线

埋置深度为 0.2 时，加速度幅值为 2.8×10^{-2} m/s^2，加速度衰减比例为 50.9%；当埋置深度为 0.1 和 0.05 时，加速度幅值为 2.2×10^{-2} m/s^2、1.3×10^{-2} m/s^2，对应的加速度衰减比例分别为 61.4%、77.2%，周期结构波阻板在水平向体现出的隔振效果更优。

图 8.3 为不同埋置深度下周期结构波阻板的加速度频谱曲线。其中，当周期结构波阻板埋置深度为 0.05 时，监测点所得峰值频率段主要集中在 10~25 Hz，对 35~50 Hz 的振动具有较好的抑制作用；当周期结构波阻板埋置深度为 0.1 时，此时监测点所得峰值频率段主要集中在 5~20 Hz，对于 30~50 Hz 的加速度具有较好的抑制作用；当周期结构波阻板埋置深度为 0.2 时，此时监测点所得峰值频率段主要集中在 0~15 Hz，35~50 Hz 的加速度趋向于 0；当周期结构波阻板埋置深度为 0.3 时，此时峰值频率段主要集中在 0~10 Hz，30~50 Hz 的加速度趋向于 0。

分析发现，屏障的埋置深度很大程度决定隔振的范围，当埋置深度较小时，可以很好地抑制低频范围内的振动，同时使 30~50 Hz 振动产生良好的衰减效果，可以很好

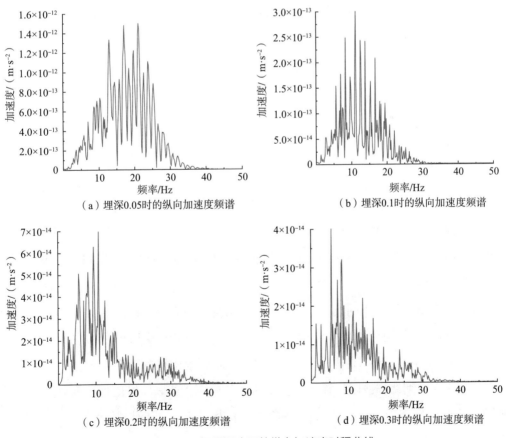

（a）埋深0.05时的纵向加速度频谱　　　　（b）埋深0.1时的纵向加速度频谱

（c）埋深0.2时的纵向加速度频谱　　　　（d）埋深0.3时的纵向加速度频谱

图 8.3　不同埋置深度下的纵向加速度时程曲线

地抑制轨道交通运行所引起的敏感频率段。这是由于当波进入障碍物后，运动方向会偏离原有的直线，并进入背后的几何阴影区域，这种行为叫作波的衍射。在一定范围内，当埋置深度越低，几何阴影区越大时，振动在阴影区内被削弱的程度越大，振动幅度大幅减小；而且不同埋置深度下的加速度衰减范围与周期结构波阻板的带隙基本一致，这体现出周期结构波阻板带隙范围内隔振效果的有效性。

同时还可得出，当周期结构波阻板埋深为 0.05 时，纵向峰值加速度远大于埋深为 0.1、0.2、0.3 时的峰值加速度。这是由于在振动波的折射与反射作用下，一部分振动能量经土层、周期结构波阻板的消耗反射回土层表面，造成监测点所得纵向加速度幅值结果偏大。虽然埋置深度较小时周期结构波阻板峰值加速度较大，但在 30~50 Hz 纵向峰值加速度仍然趋向于 0，即周期结构波阻板仍能够发挥较好的隔振作用；并且综合考虑埋置深度对水平、竖向位移和加速度的影响，施工时，建议应在一定范围内选择较小的埋置深度，以提高周期结构波阻板的隔振效率及性能。

8.2.2 激振频率

由于轨道交通运行产生的振动对建筑物室内影响以 40~90 Hz 为主，地面竖向振动主要范围低于 100 Hz，同时当振动频率为 50~60 Hz 时对人体舒适度会产生影响明显。因此选取 50 Hz、80 Hz、100 Hz 3 个不同的激振频率分别代表低、中、高频段，通过振幅衰减系数，分析不同激振频率下周期结构波阻板的振动衰减特性，其中埋置深度、结构、材料等参数均为常数。

图 8.4 所示分别为激振频率为 50 Hz、80 Hz 及 100 Hz 时不同激振频率下的振幅衰减系数 Ar 曲线。不同激振频率下，水平向及竖向振幅衰减系数波动变化，采取周期结构波阻板进行隔振时，对水平向及竖向均能够取得较好的隔振效果，低、中、高频均可稳定发挥；但对比 50 Hz、80 Hz 及 100 Hz 的水平及竖向衰减系数曲线可以发现，当激振频率为 80 Hz 时，随着振源距离的增加，振幅衰减系数 Ar 相对更小，50 Hz 次之，对中低频振动产生较好的隔振效果。这是由于波在同一介质中的传播速度相同，频率不同时波长不同，不同波长穿过同种屏障时会产生明显差异，导致隔振效果不同。在实际工程中，车速越快产生的频率越高，但地铁等轨道交通诱发的主要频率段在 100 Hz 以内，因此，周期结构波阻板在地铁诱发的振动隔振减振较为适用。

图 8.5 为周期结构波阻板在不同激振频率条件下土体表面纵向加速度时程及频谱曲线。当激振频率为 100 Hz 时，主要峰值频率为 11 Hz；当激振频率为 80 Hz 时，主要峰值频率为 9 Hz；当激振频率为 50 Hz 时，主要峰值频率为 7 Hz。随着激振频率

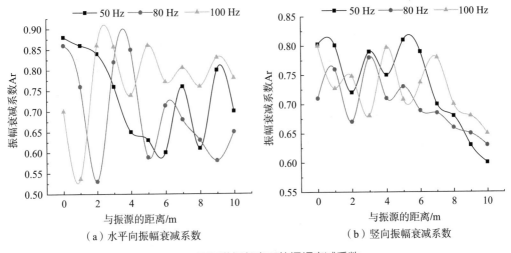

图 8.4　不同激振频率下的振幅衰减系数

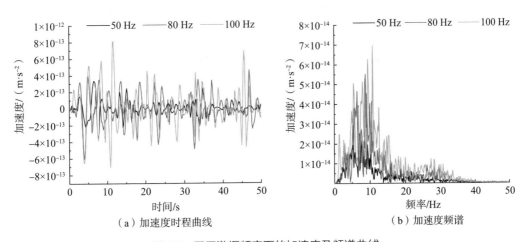

图 8.5　不同激振频率下的加速度及频谱曲线

的降低，主要峰值频率逐渐减小，加速度峰值逐渐降低；并且当激振频率为 50 Hz、80 Hz 时，此时在 15~50 Hz 的加速度逐渐趋向于 0，隔振减振范围较大；当激振频率为 100 Hz 时，30~50 Hz 的振动加速度逐渐趋向于 0，应对不同的激振频率周期结构波阻板发挥稳定，并且对中、低频频振动控制效果更优。

对比 50 Hz、80 Hz 以及 100 Hz 3 种不同激振频率下的加速度频谱曲线可以发现，在 PSWIB 作用下，当激振频率越大，仅在 0~30 Hz 的振动有较大变化，30~50 Hz 的振动加速度逐渐趋向于 0，均不存在高频的振动，并且加速度衰减范围与带隙频率范围基本一致。同时可以看出，尽管模型设计以关心频率 80 Hz 为基础，在分析 100 Hz 激振频率下 PSWIB 的隔振效果时，同样展现出较好的隔振性能。

8.2.3 布置层数

由第 5 章周期结构波阻板的带隙特性可知，增加周期结构的布置层数，以及每层布置周期数在一定程度上能够提高振动衰减幅值，增强隔振性能，但简谐荷载作用下振动衰减效果不知。因此对简谐荷载作用下布置层数对周期结构波阻板的影响进行研究，周期结构布置层数 C 分别取 2、3、4，对应归一化厚度 T 分别为 0.09、0.135、0.18，分析不同布置层数下周期结构波阻板水平向及竖向位移、加速度时程曲线变化规律。

图 8.6 为不同布置层数下的位移时程曲线。可以看出，当土层中无隔振屏障时，水平向位移幅值为 2.38×10^{-5} m；当布置层数 C 为 2、3、4 时，土层监测点的水平位移幅值分别为 1.80×10^{-5} m、1.20×10^{-5} m、2.24×10^{-6} m，不同布置层数下水平位移衰减比例分别为 24.3%、49.6%、90.5%，提高周期结构波阻板的布置层数，水平向隔振效果大幅提升。当周期结构波阻板的布置层数 C 分别为 2、3、4 时，场地中测点的竖向位移幅值分别为 4.34×10^{-4} m、2.33×10^{-4} m、2.56×10^{-5} m；当土层中无隔振屏障时，竖向位移幅值为 4.89×10^{-4} m；不同布置层数下竖向位移衰减比例分别为 11.2%、52.4%、94.8%，提高周期结构波阻板的布置层数，竖向隔振性能也大幅增强。

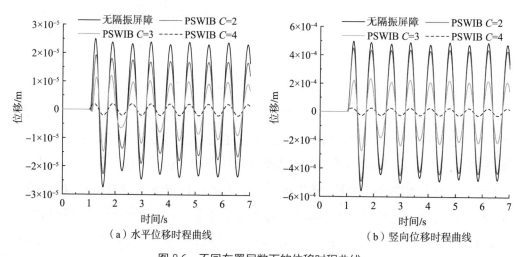

（a）水平位移时程曲线 （b）竖向位移时程曲线

图 8.6 不同布置层数下的位移时程曲线

图 8.7 为不同布置层数下的水平及竖向加速度时程曲线，其中图 8.7（a）为水平向加速度时程曲线，当地基土层中无隔振屏障时，所得水平向加速度峰值为 2.93×10^{-3} m/s²；当布置层数 C 依次为 2、3、4 时，土层表面监测点水平向加速度幅值分别为 2.44×10^{-3} m/s²、1.91×10^{-3} m/s²、3.96×10^{-4} m/s²。与无隔振屏障时加速度幅值相

比，不同布置层数下水平加速度衰减比例分别为 16.7%、34.8%、86.4%，增加周期结构波阻板的布置层数，水平向隔振效果大幅提升。图 8.7（b）为竖向加速度时程曲线，当土层中无隔振屏障时，土层表面监测点所得加速度峰值为 5.94×10^{-2} m/s²；当周期结构波阻板的布置层数 C 分别为 2、3、4 时，竖向加速度幅值分别为 3.8×10^{-2} m/s²、1.11×10^{-2} m/s²、2.05×10^{-3} m/s²，相较于无隔振屏障，不同布置层数下竖向加速度衰减比例分别为 36%、81.3%、96.5%，提高布置层数，竖向隔振效果同样大幅提高。

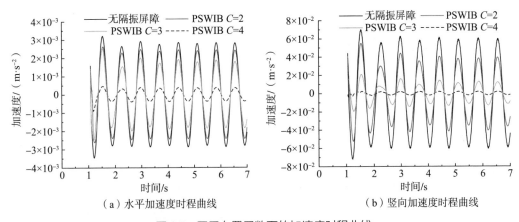

（a）水平加速度时程曲线 　　　　　　（b）竖向加速度时程曲线

图 8.7　不同布置层数下的加速度时程曲线

　　研究发现，提高周期结构波阻板的布置层数，水平向和竖向位移、加速度幅值显著降低，周期结构波阻板的隔振性能大幅增强，这是由于振动波在通过周期结构波阻板过程中，除了发生折射、衍射和散射效应，还有很大部分能量被周期结构波阻板吸收，增加结构布置层数时，显然增强了周期结构波阻板对振动波的吸收能力。同时可以发现，提高周期结构波阻板的布置层数，其竖向隔振效果优于水平向。

　　图 8.8（a）为不同布置层数下纵向加速度时程曲线，可以发现，随着周期结构波阻板布置层数的提高，加速度幅值显著减小；图 8.8（b）为不同布置层数下纵向加速度频谱曲线，观察发现当周期结构波阻板的布置层数 C 为 2、3、4 时，纵向峰值加速度分别为 8.32×10^{-14} m/s²、7×10^{-14} m/s²、5.52×10^{-14} m/s²，主频段从 12 Hz 降低到 6 Hz，纵向峰值及主频率段显著降低；此外随着布置层数的增加，在 15~35 Hz 纵向振动加速度得到大幅度的降低，大小趋向于 0，显然说明增加周期结构波阻板布置层数可以提高周期结构波阻板的振动控制性能。

8.2.4　周期数

　　周期结构波阻板每层布置周期数 G 分别取 6、8、10，对应 PSWIB 归一化宽度 W

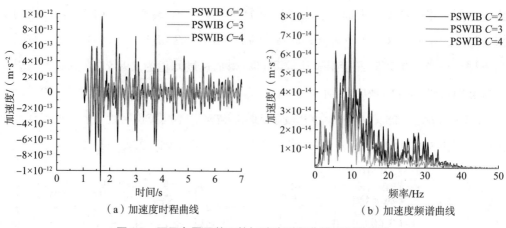

（a）加速度时程曲线 （b）加速度频谱曲线

图 8.8 不同布置层数下的加速度时程曲线及频谱曲线

分别为 0.27、0.36、0.45，其他参数均为常数，分析布置周期数对周期结构波阻隔振效果的影响。

图 8.9 为不同布置周期数下的水平及竖向位移时程曲线，其中图 8.9（a）为水平向位移时程曲线，当地基土层中无隔振屏障时，水平向位移幅值为 2.38×10^{-5} m；当每层布置周期数 G 分别为 6、8、10 时，土层表面监测点所得水平位移幅值依次为 1.25×10^{-5} m、4.67×10^{-6} m、3×10^{-6} m，与无隔振屏障相比，提高每层布置周期数，水平位移衰减比例分别为 47.5%、80%、87.4%，水平向隔振效果逐渐提升。图 8.9（b）为竖向位移时程曲线，当场地中无隔振屏障时，竖向位移幅值为 4.89×10^{-4} m，当周期结构波阻板每层布置周期数 G 分别为 6、8、10 时，竖向位移幅值分别为 2.33×10^{-4} m、

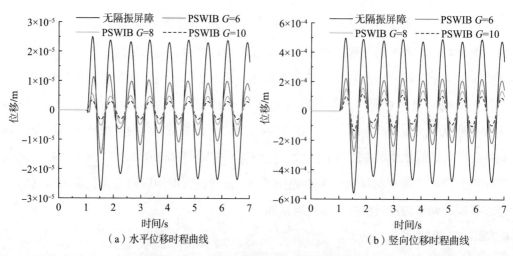

（a）水平位移时程曲线 （b）竖向位移时程曲线

图 8.9 不同布置周期数下的位移时程曲线

1.5×10^{-4} m、1.0×10^{-4} m，与无隔振屏障所得位移幅值相比，竖向位移衰减比例分别为 52.4%、69.3%、80%，增加每层布置个数，竖向隔振性能提升。

图 8.10 所示为不同布置周期数下的加速度时程曲线，其中图 8.10（a）为水平向加速度时程曲线，当地基土层中无隔振屏障时，土层表面监测点加速度峰值为 2.93×10^{-3} m/s²；当每层布置周期数分别为 6、8、10 时，土层表面监测点的竖向加速度幅值分别为 2.44×10^{-3} m/s²、1.16×10^{-3} m/s²、6.43×10^{-4} m/s²。与无隔振屏障相比，当每层布置周期数 G 分别为 6、8、10 时，土层表面监测点的水平加速度幅值分别为 2.44×10^{-3} m/s²、1.16×10^{-3} m/s²、6.43×10^{-4} m/s²，加速度衰减比例分别为 16.7%、60.4%、78%，增加周期结构波阻板每层的布置周期数，水平向隔振效果得到大幅的提升。图 8.10（b）为竖向加速度时程曲线，当地基土层中无隔振屏障时，土体表面监测点加速度峰值为 5.94×10^{-2} m/s²；当周期结构波阻板的每层布置周期数 G 分别为 6、8、10 时，竖向加速度幅值分别为 1.5×10^{-2} m/s²、1.2×10^{-3} m/s²、1×10^{-3} m/s²。相较于无隔振屏障，增加周期结构波阻板的布置周期数，竖向加速度衰减比例分别为 74.7%、80%、83.2%，竖向隔振效果小幅提升。

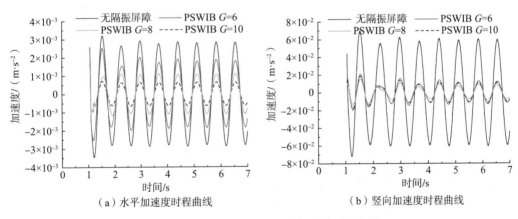

（a）水平加速度时程曲线　　　（b）竖向加速度时程曲线

图 8.10　不同布置周期数下的加速度时程曲线

研究表明，提高周期结构波阻板每层的布置周期数，水平向和竖向位移、加速度衰减比例均得到大幅提高，屏障的宽度在一定程度上同样影响隔振的范围。根据波的传播理论可知，波在均质物体中会保持固定方向的运动，当遇到阻挡物后，波会发生衍射现象，即绕过隔振屏障继续传播。此时如果当隔振屏障的尺寸与波长相近时，隔振屏障没有隔振效果。因此，为阻止衍射现象的发生，应在一定程度上增加周期结构波阻板的屏障宽度，即每层布置周期数，并且从水平向和竖向的衰减比例来看，布置周期数越多，对水平向的隔振效果越好。

图 8.11（a）为不同布置周期数下的纵向加速度时程曲线，图 8.11（b）为不同周期数下的纵向加速度频谱曲线。可以看到，随着每层布置周期数的提高，纵向加速度幅值显著减小，纵向峰值加速度及主频率段明显降低，主频段从 12 Hz 左右降低到 6 Hz 左右，在 15~35 Hz 频带范围纵向振动加速度大幅度降低，大小趋向于 0，说明提高每层周期数有助于增强其振动控制性能。

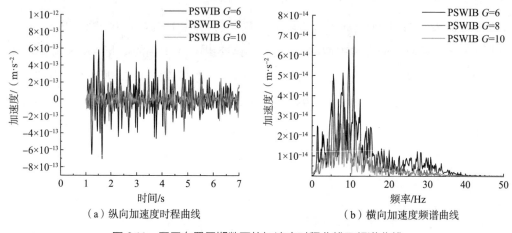

（a）纵向加速度时程曲线　　　　　　（b）横向加速度频谱曲线

图 8.11　不同布置周期数下的加速度时程曲线及频谱曲线

8.3　波阻板周期结构优化

带隙范围和宽度与埋置深度、激振频率、布置层数、周期数等设计要素相关，可采用正交试验对这些设计要素进行优化，找出满足目标频率的周期结构波阻板设计参数。

8.3.1　周期结构波阻板正交试验设计

正交实验实现步骤如下。

（1）确定目标频率段 f，目标频率段 f 的范围根据地铁列车运行中引起的振动波在地基传播时所集中的主要频率段确定。

（2）选取结构参数和材料参数作为正交试验的因素，其中，所述结构参数包括构成包覆层的周期常数 A、布置形状 B、包覆层材料 C、填充材料 D、包覆层外径 E 和内径 F；所述材料参数包括填充材料密度 G、包覆层材料密度 H、填充材料弹性模量 I、包覆层材料弹性模量 J、包覆层材料泊松比 K，总计 11 项因素。其中，所述周期常数 A 所选取的水平分别为 0.29 m、0.30 m、0.31 m、0.32 m、0.33 m；对于所述布置形状 B

所选取的水平分别为正方形、六边形、正方形、六边形、六边形；对于所述包覆层材料 C 所选取的水平分别为 PVC 管、钢管、橡胶管、铜管、环氧树脂管；对于所述填充材料 D 所选取的水平分别为 Duxseal、混凝土、粉质黏土、覆土、不填充；所述包覆层外径 E 所选取的水平分别为 0.10 m、0.11 m、0.12 m、0.13 m、0.14 m；所述包覆层内径 F 所选取的水平分别为 0.08 m、0.09 m、0.10 m、0.11 m、0.12 m；所述填充材料密度 G 所选取的水平分别为 1650 kg/cm³、2300 kg/cm³、2023 kg/cm³、1900 kg/cm³、0 kg/cm³；所述包覆层材料密度 H 所选取的水平分别为 1350 kg/cm³、7780 kg/cm³、1300 kg/cm³、8950 kg/cm³、1180 kg/cm³；所述填充材料弹性模量 I 所选取的水平分别为 8×10^6 Pa、30×10^9 Pa、0.289×10^9 Pa、0.117×10^9 Pa、4.35×10^9 Pa；所述包覆层材料弹性模量 J 所选取的水平分别为 3.5×10^9 Pa、210.6×10^9 Pa、1.175×10^5 Pa、164.6×10^9 Pa、0 Pa；所述包覆层材料泊松比 K 所选取的水平分别为 0.38、0.3、0.467、0.093、0.368。

（3）确定正交试验方案，对 11 项因素各选取 5 种情况作为水平，进而设计为 L50（5^{11}）的正交试验方案，见表 8.1。

（4）开始正交试验，由方案 L50（5^{11}）得到 50 组不同的试验，分别形成试验 1、试验 2……试验 50。

（5）分别计算试验 1、试验 2……试验 50 的带隙，得到对应的带隙 f_1、f_2、f_3……f_{50}；定义 $f_i = f(x_1, x_2, \cdots, x_{11})$，$i = [1,50]$，其中，$x_1$，$x_2$，…，$x_{11}$ 分别代表参与试验的 11 项因素，其中，对于不同组试验方案的带隙计算公式：

定义函数 $H(x,y) = e^{i(kx-\omega y)} f(t)$，其中，$H(x,y)$ 被定义为关于弹性波波矢的函数，k 指代波矢，i 为虚数单位，x、y 为两不同方向的位置矢量，ω 为角频率，$f(t)$ 被定义为周期函数；

定义 $F(T)$ 为组元材料参数的傅里叶系数，其中，T 指代倒格矢的模；当 $T = n_x b_1 + n_y b_2 = 0$，$F(T) = F(t_1, t_2, t_3, t_4)$，其中，$t_1$、$t_2$、$t_3$、$t_4$ 分别代表关于材料参数 λ、μ、ρ 及填充率的函数；当 $T = n_x b_1 + n_y b_2 \neq 0$，$F(T) = F(t_{11}, t_{22}, t_{33}, t_{44}) H(T)$，其中，$t_{11}$、$t_{22}$、$t_{33}$、$t_{44}$ 分别代表关于材料参数 λ、μ、ρ 及填充率的函数，$H(T)$ 被定义为与所述布置形状 B、所述包覆层材料 C 有关的函数；

定义求解带隙的控制方程 $K(\omega)$，$K(\omega) = K[H(x,y), F(T)]$，将试验 1、试验 2……试验 50 各试验方案的所述结构参数和所述材料参数代入 $K(\omega)$，即可得到各试验方案所对应的带隙数值。

（6）分析判断各试验得到的带隙范围 f_i 与目标频率段 f 的关系，若 $f_i = f(x_1,$

表 8.1　正交试验设计方案

因素	1 周期常数 A/m	2 布置形状 B	3 包覆层材料 C	4 填充材料 D	5 包覆层外径 E/m	6 包覆层内径 F/m	7 填充材料密度 G/(kg·cm⁻³)	8 包覆层材料密度 H/(kg·cm⁻³)	9 填充材料弹性模量 I/Pa	10 包覆层材料弹性模量 J/Pa	11 包覆层材料泊松比 K
1	0.29	正方形	PVC 管	Duxseal	0.10	0.08	1650	1350	8×10^{6}	3.5×10^{9}	0.38
2	0.29	六边形	钢管	混凝土	0.11	0.09	2300	7780	30×10^{9}	210.6×10^{9}	0.3
3	0.29	正方形	橡胶管	粉质黏土	0.12	0.10	2023	1300	0.289×10^{9}	1.175×10^{5}	0.467
4	0.29	六边形	钢管	覆土	0.13	0.11	1900	8950	0.117×10^{9}	164.6×10^{9}	0.093
5	0.29	六边形	环氧树脂管	不填充	0.14	0.12	0	1180	4.35×10^{9}	0	0.368
6	0.3	正方形	钢管	粉质黏土	0.13	0.12	1650	7780	0.289×10^{9}	164.6×10^{9}	0.368
7	0.3	六边形	橡胶管	覆土	0.14	0.08	2300	1300	0.117×10^{9}	0	0.38
8	0.3	正方形	钢管	不填充	0.10	0.09	2023	8950	4.35×10^{9}	3.5×10^{9}	0.3
…	…	…	…	…	…	…	…	…	…	…	…
47	0.32	正方形	环氧树脂管	Duxseal	0.14	0.09	2023	1350	0.289×10^{9}	3.5×10^{9}	0.093
48	0.32	正方形	PVC 管	混凝土	0.10	0.10	1900	7780	0.117×10^{9}	0	0.368
49	0.32	六边形	钢管	粉质黏土	0.11	0.11	0	1300	4.35×10^{9}	3.5×10^{9}	0.38
50	0.32	六边形	橡胶管	覆土	0.12	0.12	1650	8950	8×10^{6}	210.6×10^{9}	0.3

$x_2,\cdots,x_{11}) \cap f \neq \varnothing$，则保留该试验方案并作为周期结构波阻板优选设计方案之一；若 $f_i = f(x_1, x_2, \cdots, x_{11}) \cap f = \varnothing$，则忽略该试验方案；

（7）基于正交试验筛选的试验方案来配置周期结构波阻板，并根据应用现场的实际情况决定周期结构波阻板的埋深。配置周期结构波阻板需遵循的原则：包覆层在波阻板中平行埋入，布置为至少两层的结构，每层布置周期性排布的多个所述包覆层；所述包覆层的布置形状 B 为六边形时，以交叉排列的方式放置，布置形状 B 为正方形时，以均匀排列的方式放置。

8.3.2　优化设计流程

以振幅衰减系数为评价指标，基于理论计算结果和现场试验数据，从不同角度对 PSWIB 和 WIB 的隔振性能进行对比分析；从埋深、尺寸、厚度等影响因素的角度，对 PSWIB 隔振性能的影响机制及隔振机理进行阐述说明，并与 WIB 的隔振机理进行对比，从而探明 PSWIB 是否受地基土层截止频率的制约。

根据理论计算和试验结果，阐明振源性质（激振方向及频率）、地基土层性质（剪切模量、饱和度等）和周期结构参数（周期常数、晶格布置、散射体、填充材料等）对 PSWIB 隔振性能的影响机制。对 PSWIB 隔振性能影响参数优化，通过程序搜索，找出满足目标频率的设计参数组合，形成可视化计算程序，程序流程图如图 8.12 所示。

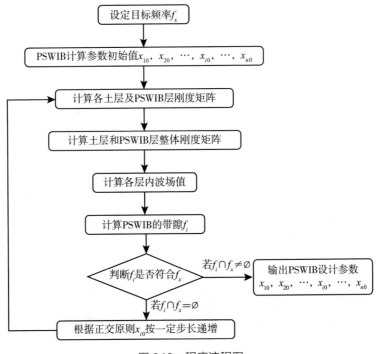

图 8.12　程序流程图

主要参考文献

［1］孔祥龙. 周期结构波阻板的隔振机理及性能研究［D］. 青岛：山东科技大学，2023.

［2］高盟，孔祥龙，赵礼治. 周期结构波阻板的带隙特性研究［J］. 土木工程学报，2023，56（7）：147–156.

［3］高盟，孔祥龙，王滢，等. 一种对目标频率隔离的周期结构波阻板的筛选及配置方法［P］. 山东省：CN114036764A. 2022.